U0098736

圖解程式設計的技術與知識

增井敏克【著】

何蟬秀【譯】

図解まるわかり プログラミングのしくみ

(Zukai Maruwakari Programming no Shikumi: 6328-4)

© 2020 Toshikatsu Masui

Original Japanese edition published by SHOEISHA Co., Ltd.

Traditional Chinese Character translation rights arranged with SHOEISHA Co.,Ltd. through JAPAN UNI AGENCY, INC.

Traditional Chinese Character translation copyright © 2021 by GOTOP INFORMATION INC.

這本書討論的並不是程式如何運作，而是程式設計師的思考方式、開發過程，以及開發時必須瞭解的詞彙。我會以左右兩頁為單位在這些主題中介紹各種詞彙。

學習程式設計的第一個關卡包含「不懂的詞彙」。程式語言有很多，它可以用來建立許多不同的程式，包含 Web 應用程式、桌面應用程式、智慧型手機應用程式等。不同的執行環境，所需要的知識也不同。

另外，程式設計工作的主軸，是套裝軟體開發、委託開發？又或者是網路服務的開發？這些所需要的知識也並不相同。

新的技術陸續登場。最近將資料儲存在雲端已經相當普遍，另外，網路環境的變化、面對新攻擊手法的安全性措施等，我們必須瞭解的知識變得更加廣泛。

工作中也經常使用專業用語，相關細節只能在業務上與實作過程中學習，不過如果原本就「沒有聽過」這些語彙，將難以跟上對話。即使只是概略掌握這些詞語的「概要」與「相關知識」，至少能順利參與討論，細節則可以留待必要時再查詢。

到目前為止，我使用了幾次「知識」一詞，程式設計並不是一門背誦的科目。即使腦中塞入再多知識，也不會因此就學會程式設計。

俗話説「熟能生巧」，程式設計並不是有人教就能學會，更不是光靠讀書就能習得，否則世界上應該就不會有人在程式設計的路上受挫。

總之，就是要從鍵盤輸入程式碼開始，實際嘗試操作，並且在發生錯誤時進行修正。不斷重複這個過程，才能踏上程式設計之路。

讀完這本書之後，也請詳細查詢自己有興趣的關鍵字，並實際動手寫程式。

本書所解說的詞彙只是程式設計相關技術的一小部分。實際進行程式設計時，還會遇到許多專業用語，而新的詞彙也會陸續登場。

然而，我們幾乎不會碰到「全新」的知識，許多詞彙都只是將過去的技術稍加修改，或是為了解決以往課題而稍作改良。

為了理解新舊概念的差異，學習歷史與過去的技術也相當重要。閱讀時不要因為與現在的工作無關就跳過，而是要站在瞭解以往技術的角度去學習。當然，也不需要將所有內容從頭依序讀過，可以從有興趣的主題與關鍵字開始閱讀並逐漸延伸。如果這本書能讓各位對程式設計產生興趣，那麼我將備感榮幸。

增井敏克

目錄

第 1 章 程式設計的基礎知識
～先理解整體概念～
13

第 2 章 程式設計語言之間的差異？
～比較語言間的特徵與程式碼～
39

第 **3** 章 數值與資料的處理方式
～使用什麼樣的數值型態才適合？～
65

第 **4** 章 流程圖與演算法
～理解流程並循序思考～

101

第 **5** 章 **從設計到測試**
～不可不知的開發方法與物件導向基礎～

137

<table>
<tr><td>第 6 章</td><td colspan="2">Web 技術與安全性
～瞭解網路應用程式背後的技術～</td><td>191</td></tr>
</table>

第1章

程式設計的基礎知識

~先理解整體概念~

≫ 程式設計的相關環境

電腦的組成要素

電腦是由各種設備，如顯示器、鍵盤、滑鼠所組成。這些物理上的設備稱為硬體（hardware），除了在運作上不可或缺外，硬體也代表包含機殼在內的物理實體。在硬體當中，電腦運作所需要的五個裝置就稱為五大單元（圖 1-1）。

現代的電腦不只是個人電腦（以下統一稱為 PC）與智慧型手機，還有伺服器與路由器等各式機器，無論是哪一種，都是由這裡的五大單元所組成。然而，只有硬體並無法讓電腦運作，還需要 Windows 與 macOS、Android、iOS 等作業系統（OS，基礎軟體），以及瀏覽網站時的網頁瀏覽器，播放音樂與相機功能、計算機與記事本、文書作業與試算表等應用程式（application）。

硬體之外的部分，就取用英語中 hard 的反義詞 soft 並稱之為軟體（software，圖 1-2）。即使硬體相同，導入不同軟體後使用方式就完全不同。

生活中也有一些產品將硬體與軟體結合，例如音樂播放器與數位相機等。**硬體在製作完成後即使發現問題也難以變更，而軟體若有狀況，有時可以透過重新發布修正後程式來進行變更。**

軟體與程式的差異

作業系統與應用程式等軟體是由執行檔（即程式）、使用手冊等文件及資料所組成。程式則包含了執行檔與函式庫（參考 **6-2**）。**程式設計指的是「開發程式」，開發程式的人則稱為程式設計師（programmer）。**

圖 1-1 五大單元

輸入單元

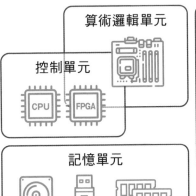

算術邏輯單元

控制單元

CPU　FPGA

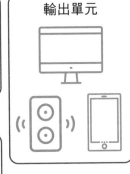

輸出單元

記憶單元

圖 1-2 硬體與各種軟體的關係

軟體

資料	資料
使用手冊	使用手冊
程式	程式
應用程式	應用程式

OS

程式　資料

使用手冊

硬體

資料	資料
使用手冊	使用手冊
程式	程式
應用程式	應用程式

OS

程式　資料

使用手冊

硬體

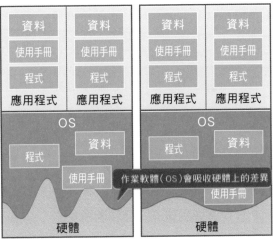

資料	資料
使用手冊	使用手冊
程式	程式
應用程式	應用程式

OS

程式　資料

作業軟體（OS）會吸收硬體上的差異

使用手冊

硬體

Point

🖉 理解電腦的運作時，如果將五大單元分開思考，較易理解個別功能。

🖉 軟體包含作業系統與應用程式。

🖉 程式是軟體的一部分，包含執行檔與函式庫等。

≫ 程式運作的環境

有 PC 就能使用的應用程式

許多人常用的應用程式有網頁瀏覽器與文書軟體、電子試算表等,這些稱為桌面應用程式(desktop application)(圖 1-3)。

使用桌面應用程式除了要將程式儲存於電腦外,還必須儲存許多資料到電腦中才能使用,因此若是要在其他 PC 上使用相同的程式與資料,就必須另行複製與安裝。

這樣一來,桌面應用程式就可以**控制與 PC 連接的硬體**。就像音樂播放軟體能控制喇叭,文書軟體可以使用印表機,要使用硬體,就必須要有桌面應用程式。而桌面應用程式的另一個特徵是不需連接網路也可以使用。

連上網路就能在任意地點使用的應用程式

最近網路上提供的服務越來越多,除了 Facebook 與 Twitter 等社群網路服務,還有像是 Amazon 與樂天等購物網站、Google 與 Yahoo! 等搜尋服務,這些服務都在企業所提供的網路伺服器上運作。

這種在網路環境下才能運作的應用程式,就稱為網路應用程式。使用網路應用程式時,會**需要網頁瀏覽器等軟體**(圖 1-4)。

能讓智慧型手機發揮最大功能的應用程式

最近有很多人透過智慧型手機收集資訊,而不是透過 PC。在手機運作的應用程式,就是手機應用程式。

利用智慧型手機所具備的 GPS 功能、相機、網路、感測器等硬體,許多應用程式應運而生,例如遊戲。

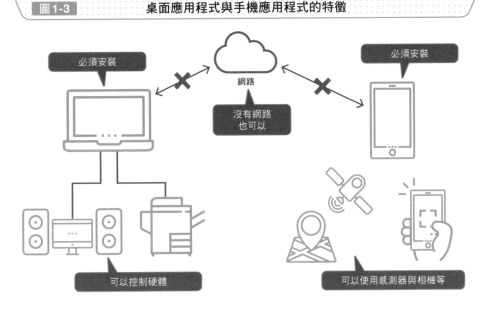

圖 1-3　桌面應用程式與手機應用程式的特徵

必須安裝

網路

沒有網路也可以

必須安裝

可以控制硬體

可以使用感測器與相機等

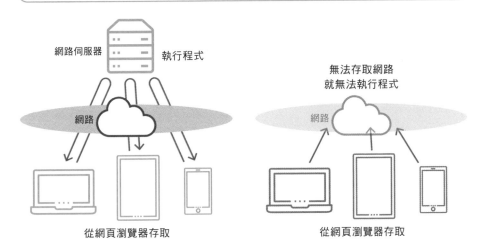

圖 1-4　網路應用程式的特徵

網路伺服器　執行程式

網路

無法存取網路就無法執行程式

網路

從網頁瀏覽器存取

從網頁瀏覽器存取

Point

✎ 使用桌面應用程式，就能運用 PC 的硬體。

✎ 網路應用程式是在網頁瀏覽器上使用，在其他 PC 與智慧型手機上也能使用，不過前提是要連上網路。

✎ 手機應用程式可以充分運用手機硬體的方便功能。

» 是誰開發程式？

專職開發程式的人

聽到程式設計師，我們應該會想到專門開發程式的人吧！他們是專職程式設計師，透過開發程式賺取收入。

其中有些人是為自家公司開發軟體，也有些人是接受客戶委託而開發，這些人一般來說都是依工作時間取得對價。還有許多人是以外包接案為業，有時也會衍生出多重轉包的問題（圖 1-5）。

此外，也有人開發軟體與套件，例如網路應用程式，藉此提供服務給許多人使用。他們的報酬與工作時間無關，而是依使用費與販賣數量取得對價。

出於興趣開發程式者

開發程式的並不只有專職程式設計師，有些學生也會製作並發布程式，也有人是出於興趣兼職開發程式。

樂於在週末和夜晚開發程式的人，就屬於業餘程式設計師。有些人製作並發布自由軟體，也就是免費程式，也有些人連原始碼都公開，例如發布開源軟體（OSS），希望能對社會有所貢獻。

將行政作業自動化的人

有些人即使不是程式設計師，在工作上也可能會製作小小的程式。像是 Excel 等電子試算表，能讓手動作業時必須重複執行的繁瑣操作，在自動化後瞬間處理完成。

最近備受矚目的則有 **RPA**（Robotic Process Automation，圖 1-6），它能以專用工具記錄 PC 的操作內容，輕鬆就能自動化。

圖1-5 將系統開發多次轉包的現況

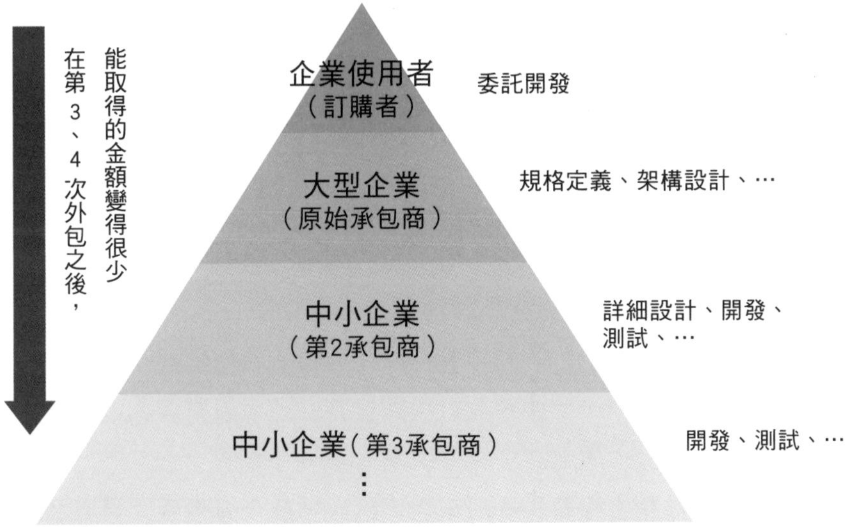

能取得的金額變得很少
在第3、4次外包之後，

- 企業使用者（訂購者）　委託開發
- 大型企業（原始承包商）　規格定義、架構設計、…
- 中小企業（第2承包商）　詳細設計、開發、測試、…
- 中小企業（第3承包商）　開發、測試、…
  :

圖1-6 RPA 與以往自動化的差異

	RPA	Excel（VBA）	Shell Script	程式設計	桌面自動化
適用範圍	幾乎都適用	只在Excel之內（錄製巨集時）	只在命令列中	都適用	只在PC內
難易度	中	容易	中	困難	容易
費用	中	便宜	便宜	昂貴	便宜
速度	中	慢	中	快速	中

Point

- 除了以程式設計為業的專職程式設計師之外，也有業餘的程式設計師。
- 專職程式設計師有時也會遇上因多次轉包而造成的問題，也就是大型企業以外的其他承包者都只能收取少量金額。
- 即使不會程式設計，現在也能使用專用工具進行自動化。

》 與程式開發有關的不同企業

開發顧客系統的企業

系統開發的企業可以分為幾個行業別（圖 1-7）。

企業在公司內使用的系統有許多應用程式，例如庫存管理、會計、出勤管理等。由於各家企業需求的功能不同，經常會使用自有應用程式建構系統，而這些應用程式會需要共同運作，因此**在設計與開發時必須考量整體系統**，而承接這種案件並負責設計、開發、運用的企業就稱為 **SIer**（系統整合商）。

由於系統穩定運作相當重要，一般來說會採用眾多企業使用，具有實際績效的技術與機制。

開發自家公司提供服務的企業

像 Facebook 和 Twitter 等社群網路服務，以及 Amazon 與樂天等購物網站，這些在網路上提供服務的企業，一般來說會在自家公司進行軟體開發（圖 1-8 中的「資訊處理服務業」）。

這些開發網路相關服務的企業被歸類為網際網路產業，其特徵是**對於新技術的開發相當積極**。

對特定業務開發專用軟體的企業

軟體不只用在 PC 與智慧型手機上，像是電視、冷氣，還有冰箱與電子鍋等，我們所使用的家電也用到許多軟體，這些都被分類為嵌入式系統相關業界。此外，遊戲主機等產品**在開發軟體時也需要充分發揮硬體的性能**。

其他還有賀年卡製作軟體與文書軟體、電子試算表等，許多人都會使用這些軟體，而開發這些軟體，商品化之後供應給使用者的製造商，就稱為套裝軟體發行商。

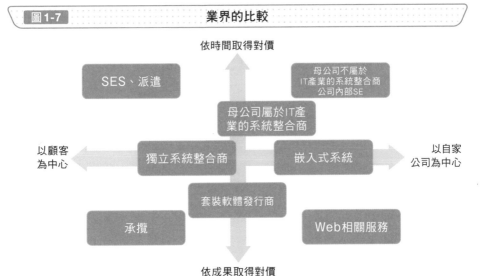

圖 1-7　業界的比較

圖 1-8　IT 企業（IT 供應端）的 IT 人才人數推算結果

取自民間企業資料庫的登錄資料			本調查結果
業種細部分類名稱	企業數	員工數	IT人才人數推算
受託開發軟體	17,043	859,500	655,780
套裝軟體出版	745	77,392	50,290
嵌入式系統	1,845	56,348	34,918
資訊處理服務業	2,478	211,979	125,476
電腦製造業	412	26,719	7,341
資料儲存媒體製造業	611	15,168	4,164
電子設備及其零組件批發業	7,823	218,319	60,031
合計	30,957	1,465,425	938,000

出處：日本資訊處理促進機構「IT人才白皮書2019」

Point

✎配合企業設計、開發該企業所使用的整體系統，這樣的業者就稱為 SIer，包含獨立系統整合商、以 IT 產業製造商為母公司、及以金融、通訊等非 IT 產業公司為母公司的系統整合商。

✎在網路上提供服務的企業就屬於網際網路產業，這些企業很多都採用了新技術。

》與程式開發相關的職位

負責內容包含與顧客間的協調到設計

　　程式製作沒有那麼簡單，並非一個人就能完成，如果是大規模的軟體，則必須由多人組成團隊進行開發。

　　這時候並非所有成員都要實際開發程式（圖 1-9）。其中，主要負責與顧客溝通以及設計等上游作業，並掌握整體流程的人，就稱為 **SE**（System Engineer）。這個職位除了需要瞭解顧客端業務，**也需要廣泛瞭解系統整體的相關知識**。此外，與顧客之間的**溝通能力**也很重要。

實際上開發程式的人

　　以設計稿為基礎實際開發程式的人，就稱為程式設計師（Programmer）。程式設計師需要精通程式語言與演算法等領域，且必須**能製作高品質的程式**。

整個軟體開發專案的統籌者

　　軟體開發是以專案（project）為單位進行，管理專案的則是 **PM**（Project Manager）。PM 會管理預算、人員與進度等並**予以協調，讓開發順利進行**，有些企業會將此職稱設定為產品經理（product manager）（圖 1-10）。

確認軟體完成後是否正確運作的人

　　軟體開發完成後難免會有一些問題，因此在發布為產品前會先進行測試，負責這項工作的人就稱為測試人員（tester）。這份工作實際上也可能會由程式設計師兼任。

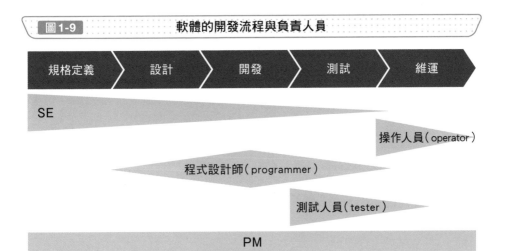

圖1-9 軟體的開發流程與負責人員

規格定義 〉 設計 〉 開發 〉 測試 〉 維運

SE

操作人員（operator）

程式設計師（programmer）

測試人員（tester）

PM

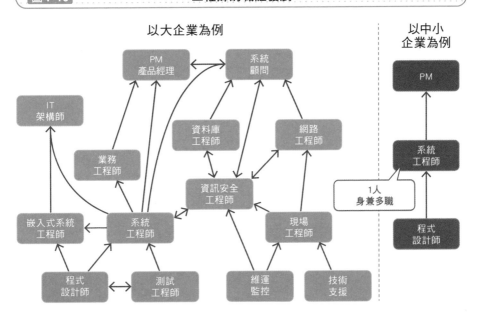

圖1-10 工程師的職涯發展

以大企業為例

以中小企業為例

PM
產品經理

系統顧問

IT
架構師

資料庫
工程師

網路
工程師

業務
工程師

資訊安全
工程師

1人
身兼多職

系統
工程師

嵌入式系統
工程師

系統
工程師

現場
工程師

程式
設計師

程式
設計師

測試
工程師

維運
監控

技術
支援

程式
設計師

Point

- 軟體開發除了程式設計師外，還需要 SE、PM、測試工程師等許多人員。
- 如果是大企業，經常會從程式設計師發展為 SE、PM 等，而在小公司裡有時會需要兼任這些角色。

» 程式設計師的工作型態

常駐於客戶端的常用契約類型

在系統整合商工作的員工有些並不隸屬於該企業。他們是從合作企業派遣而來，有時候也稱為「合作夥伴」，他們基本上會常駐於客戶辦公室，提供技術服務。

這種情況下會有各式各樣的契約型態，在軟體業界經常使用的有 **SES**（software engineering service，常駐型技術服務）（圖 1-11），也稱為**委任契約**，這種契約只約定在既定時間內必須提供勞務，並不要求工作進度，不過必須提出工作報告作為支付報酬的憑據，即使開發出來的軟體有問題，對客戶也不負瑕疵擔保責任。另外必須注意的是，只有派遣方可以指揮、命令員工。

有如顧客公司所屬員工的工作型態

與 SES 一樣以契約約定，於既定時間內提供勞務，且不要求工作完成的還有**派遣**，與 SES 一樣不負瑕疵擔保責任，**不過客戶則可以予以指揮、命令，工作型態就如顧客公司所屬員工。**

在日本當地，派遣業者必須具備派遣業的營業執照。另外，2020 年 4 月起勞工派遣法的修正，也說明了派遣是目前受到矚目的工作型態。

責任較重但較不受限的工作型態

約定完成工作，**並針對結果支付報酬**，承攬就是這樣的契約型態。這種契約須負瑕疵擔保責任，不論工作如何進行、投入多少時間，報酬都是固定的金額。由於不需要在顧客的辦公室工作，經常都是在自家進行開發，完成後再提出成品。

這種型態中，如果開發時間短於預估時間，則獲利較高，而花費時間高於預期時，利潤就會減少。

圖1-11 SES 與派遣的工作型態差異

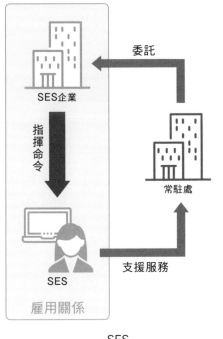

SES

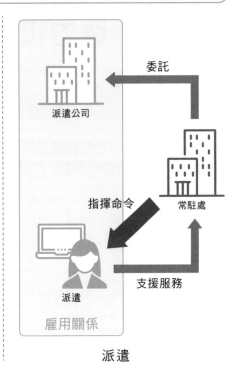

派遣

圖1-12 SES、派遣、承攬的問題

例	內　　　容
偽裝承攬	締結的契約雖屬「業務承攬契約」，卻具備勞工派遣的事實。如果工作人員直接接受客戶端（常駐處）的指示與命令，就很可能是偽裝承攬。
二重派遣	意思是將派遣公司所派遣的員工轉派遣到其他企業。轉派遣的利潤可能導致勞工報酬減少。 這種情況下是除了將員工轉派遣的企業外，接收勞工的企業也會受罰。

Point

  ∥SES 與派遣的工作型態雖然相似，但可以指揮、命令員工的管轄權並不相同。

  ∥SES 與派遣對於所開發的軟體並不具瑕疵擔保責任，承攬則相反。

» 軟體的開發工程

需求分析與規格定義

開發軟體之前，必須**歸納出希望透過軟體實現的功能**。歸納出客戶對於系統化的期望以及目前可能面臨的課題，就稱為需求分析（需求定義）。

如果能透過需求分析問出客戶的期望，就能判斷是否可以達成，在預算下與客戶協調，決定要透過軟體達成哪些功能，就是規格定義。**如果不先透過規格定義確定完成軟體的品質與功能範圍，客戶之後才不停新增需求，開發將難有結束的一天。**

也就是說，需求分析是整理客戶端的期望，規格定義則是將開發端所能實現的內容製作成文件（圖 1-13）。

設計可以分為 2 個階段

完成規格定義後，就必須思考什麼樣的軟體可以達到所需規格，這個步驟就稱為設計，大致上可以分為架構設計（外部設計）（圖 1-14）與詳細設計（內部設計）兩個階段。架構設計是以使用者觀點決定畫面的呈現、業務表單、管理的資料及與其他系統間的交流等，詳細設計則是以開發者觀點思考內部運作、資料結構以及模組切割方法等。

一般來說，**架構設計要思考的是 What，詳細設計要思考的則是 How。**

開發與測試

設計之後就要實際使用程式語言書寫原始碼，預備好執行環境，也就是開發，這個階段會進行編碼與安裝伺服器等，完成後會進行測試，確認開發軟體的運作情況，詳細內容將在第 5 章說明。

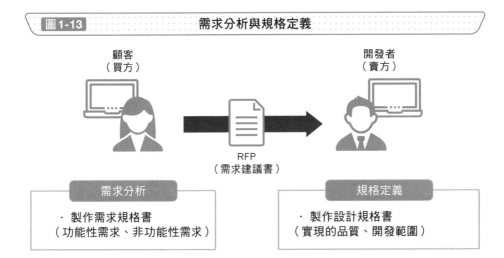

圖 1-13　　需求分析與規格定義

顧客（買方）

開發者（賣方）

RFP
（需求建議書）

需求分析
・製作需求規格書
（功能性需求、非功能性需求）

規格定義
・製作設計規格書
（實現的品質、開發範圍）

圖 1-14　　架構設計（外部設計）範例

畫面版面

登入ID：
密碼：
登入

畫面轉換

畫面一覽

業務流程

系統間的交流

系統A　　系統B

系統C

Point

🖉 整理顧客端的需求稱為需求分析與需求定義，開發端將實現內容製作
成文件則稱為規格定義。

🖉 架構設計是以使用者觀點思考，詳細設計則是以開發者的觀點思考。

≫ 軟體的開發流程

大規模專案中經常使用的瀑布式開發

如同圖 1-9，軟體開發大致上的流程是規格定義、設計、開發、測試，與維運，依照此流程進行的開發，就稱為瀑布式開發。由於它的進行方式就像瀑布流動一樣，才如此命名，經常用於金融機構等大規模的專案中。

如果進入開發與測試階段才注意到設計階段的失誤與缺漏，修改將是一大工程，**為了避免這種情況，在前段流程就要仔細確認，並且將文件等都準備好之後才著手開發**。

在變更規格時更有彈性的敏捷式開發

由於環境變化激烈，在進行網路相關系統的開發時，我們很難明確訂立規格，時常會需要新增與變更功能。這種情況下使用瀑布式開發將很難應對，因此最近經常會採用敏捷式（agile）的開發方式，讓我們較能彈性地採取措施。

如果將規格定義到程式發布的循環切割為小單位反覆執行，不只是規格變更時可以臨機應變，發生問題時也可以迅速處理（圖 1-15）。敏捷式開發所運用的方法如圖 1-16 所示。

不過，相較於瀑布式，敏捷式開發在費用與時程上可能與原本預期有很大落差，而不斷變更也可能面臨開發人員士氣低落，以及專案延遲的風險。

還有一種與敏捷式相似的開發方法，稱作螺旋模型。這種方式藉由重複設計與（試作）原型來進行開發，透過試作，客戶對產品較能有明確的概念，只是客戶要求一多，就會變得總是在試作，可能導致專案無法如期完成。

圖 1-15 敏捷式開發

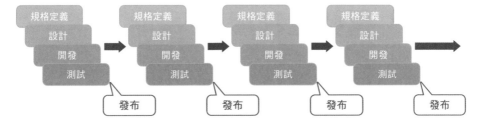

規格定義	規格定義	規格定義	規格定義
設計	設計	設計	設計
開發	開發	開發	開發
測試	測試	測試	測試

發布　　發布　　發布　　發布

圖 1-16 敏捷式開發所使用的方法範例

Scrum
- 規劃撲克牌
  （Planning Poker）
- 衝刺規劃會議
  （Sprint Planning）
- 每日站立會議
  （Daily Scrum）
- 衝刺檢視會議
  （Sprint Review）
⋮

XP
- 測試驅動開發（TDD）
- 重構（Refactoring）
- CI/CD

精實（Lean）
- 限制理論（TOC）
⋮

FDD
- 里程碑（Milestone）
- 功能集進展報告
⋮

RUP
- 使用案例驅動
  （Use-Case Driven）
- UML
⋮

圖 1-17 敏捷軟體開發宣言（摘錄部分）

個人與互動**重於流程與工具**

可用的軟體**重於詳盡的文件**

與客戶合作**重於合約協商**

回應變化**重於遵循計畫**

出處：敏捷軟體開發宣言（URL：https://agilemanifesto.org/iso/zhcht/manifesto.html）

Point

✐ 大規模專案為了避免開發後再回頭修正錯誤，經常會使用瀑布式開發。

✐ 敏捷式開發不只能縮短開發週期，其開發方法與思考模式也都與瀑布式開發不同。

» 開發工程要做的事

輸入程式碼

　　依據設計稿輸入程式碼進行軟體開發，就稱為編碼（coding）。製作網站時，也會將編寫 HTML 與 CSS 稱作編碼，不過這裡的編碼指的是程式設計中的一個程序。

　　進行編碼時，不需要一次輸入所有的程式碼，首先要製作小程式，以部分原始碼運作，藉此確認執行內容是否正確，之後再逐次增加少量功能，反覆確認運作情況（圖 1-18）。

　　另外，編碼的做法也因人而異，有些人會在紙上繪製流程圖與 UML 之後才書寫程式碼，有些人則是直接就從鍵盤輸入程式碼，還有些人會複製既有的程式碼，從中剪貼需要的部分來開發軟體。同一位程式設計師也會依據開發內容採取不同方式。

建構執行、運用環境

　　軟體開發工程的開發（執行）步驟中，除了編碼之外，環境的建構也不可或缺。例如執行網路應用程式時需要網路伺服器，手機應用程式則除了開發環境外也需要實際運作的裝置（測試機），沒有開發環境時當然就必須建構。

　　在預備與建構環境時，依據開發規模，相關的人員與扮演角色也會有所不同。個人出於興趣製作小程式以及大企業建置大型系統，要思考的事情與作業量都不相同。

　　如果是一個人開發，就可以自己完成所有事情（也只能自己做了），不過大企業則是自分工合作，而這本書主要會介紹圖 1-19 的中央部分，也就是程式設計師做的事。

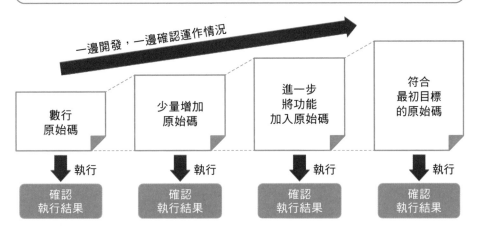

圖 1-18 編碼的程序

一邊開發，一邊確認運作情況

| 數行原始碼 | 少量增加原始碼 | 進一步將功能加入原始碼 | 符合最初目標的原始碼 |

執行 ↓ 確認執行結果　　執行 ↓ 確認執行結果　　執行 ↓ 確認執行結果　　執行 ↓ 確認執行結果

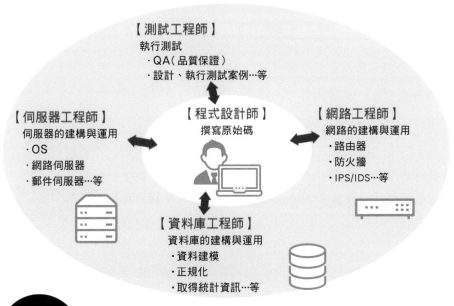

圖 1-19 參與開發工程的工程師

【測試工程師】
執行測試
・QA（品質保證）
・設計、執行測試案例…等

【伺服器工程師】
伺服器的建構與運用
・OS
・網路伺服器
・郵件伺服器…等

【程式設計師】
撰寫原始碼

【網路工程師】
網路的建構與運用
・路由器
・防火牆
・IPS/IDS…等

【資料庫工程師】
資料庫的建構與運用
・資料建模
・正規化
・取得統計資訊…等

Point

✎ 編碼時，並不是一口氣將所有原始碼開發完成，而是邊開發邊確認是否正確運作。

✎ 在軟體開發工程中，除了程式設計師之外，也有其他各種職務共同參與開發工作。

» 團隊開發的各種方式

多人共同開發程式的結對程式設計

一個人開發程式時，可能會因為技能不足而花上許多時間，或是**開發時太過偏重自己的想法**。因為自行臆測、誤會及錯誤等情況，直到審查階段才發現問題的案例也時有所聞。

這時候可以採用結對程式設計（Pair programming），由兩位以上的程式設計師使用一台電腦共同開發程式（圖 1-20）。同時操作的好處是可以加入他人意見、**提升原始碼的品質，以及對初學者產生教育效果**等。

只不過可能會發生一種情況，如果程式設計師之間在能力上有落差，經常就只會有一方提供意見，以顧客的角度看來另一方就好像在偷懶一樣。

可由全體人員共同參與的群體程式設計

群體程式設計（Mob programming）是從結對程式設計發展而來。「Mob」的意思是群眾，群眾程式設計與結對程式設計的目的相同，不過群體程式設計可以讓全部參與者都掌握相關資訊，例如開發問題等，避免資訊都集中於一人，少了那個人工作就無法進行，這有時候可以讓我們提升工作效率。

備受矚目的評估方式

1 on 1 最近備受矚目（圖 1-21），是一種上司與下屬一對一的對談方式。它與績效面談不同，特徵是以較短週期定期執行，目的是要上司聽取下屬的現況、煩惱與困擾，並一面引導下屬發揮能力。

透過 1 on 1 迅速給予回饋的方式，可能達到提升士氣的效果。

圖1-20 結對程式設計（**Pair programming**）

導航員

1人以口頭指示

駕駛員

有時中途
會交換角色

使用1台PC

一人實際
寫程式碼

圖1-21 1 on 1 的方法

	績效面談	1 on 1
目的	確認、評估完成度	確認改善部分、提升士氣
內容	對於目標內容與評估結果給予回饋	教學、訓練等
頻率	半年、一季一次	每週、每月等
需要時間	較長	短時間
型態	上司的指示、意見	自由談話、督促下屬成長

主角是上司、
人事部門等

主角是下屬、
成員

Point

∅ 相較於一人開發，結對程式設計與群體程式設計更能提升品質與教育
成效。

∅ 相較於以往的績效面談，1 on 1 更能提升下屬的技能與工作士氣，並
促進他們成長。

》 發布開發完成的程式

可以免費使用的軟體

發布於網路上，可以免費使用的軟體就稱為**自由軟體**與**免費軟體**，除了透過下載的方式使用，也會以雜誌附的 CD 與 DVD 發送。

由於是免費提供，只要有相同的 OS 環境就能使用，不過必須注意**著作權還是歸開發者所有**，不能在未經允許下變更或販賣。此外，也不可以使用他人的原始碼開發程式並免費公開（圖 1-22）。

還有一點必須注意，這些軟體**並不保證能正確運作**。由於是學生基於興趣開發，或是作者基於好意，公布開發完成的自用軟體，即使軟體在運作上有問題，也不一定會獲得修正。

可以暫時免費使用的軟體

有些軟體一開始可以免費使用，但在一定的試用期間結束後，如果還要繼續使用，就必須付費，這就是**共享軟體**。試用期間經常會有功能上的限制，也會顯示廣告，這些通常會在付費之後解除。

有時也會提供優惠專案給符合特定條件的對象，例如開發、散布軟體的人員以及學生。

手機應用程式的標準散布方式

手機應用程式一般是經由**應用程式商店**發布（圖 1-23），iOS 系統是透過 AppStore，Android 則是透過 Play 商店發布，讓許多人能夠看到。應用程式商店具備付款機制，即使是付費應用程式也能簡單發布。

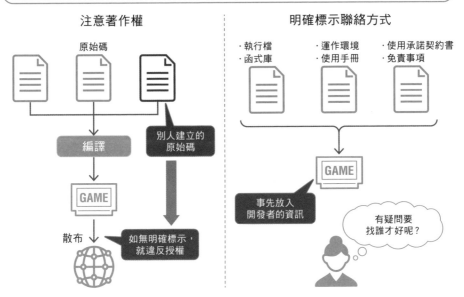

圖 1-22 散布自己開發的自由軟體時必須注意

注意著作權

原始碼

編譯

別人建立的
原始碼

GAME

散布

如無明確標示，
就違反授權

明確標示聯絡方式

・執行檔　　・運作環境　　・使用承諾契約書
・函式庫　　・使用手冊　　・免責事項

GAME

事先放入
開發者的資訊

有疑問要
找誰才好呢？

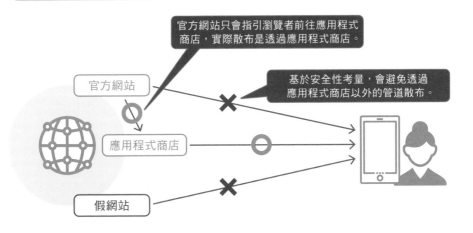

圖 1-23 手機應用程式會經由應用程式商店散布

官方網站只會指引瀏覽者前往應用程式
商店，實際散布是透過應用程式商店。

基於安全性考量，會避免透過
應用程式商店以外的管道散布。

官方網站

應用程式商店

假網站

Point

🖉 即使是自由軟體，著作權還是歸開發者所有，不過開發者在散布該自
由軟體時，也要確定沒有使用他人編寫的原始碼。

🖉 散布手機應用程式時要使用各作業系統的應用程式商店。

≫ 怎麼學程式設計？

書籍的重要性不隨時代而變

學習任何新事物時很多人會透過書籍學習，不只是程式設計。雖然網路上也有很多免費資訊，不過**書籍中的資訊經過系統性整理**，相當可貴（圖 1-24）。此外，書籍也經過編輯與校閱，相較於部落格等，能確保一定的正確性。

IT 相關書籍很多都以電子書的形式發布，如果有想要的書，瞬間就能下載閱讀，即使買了很多也不會占空間，只要攜帶 PC、手機、平板，就能隨時隨地想讀幾本就讀幾本，可以複製與貼上這點也帶給程式設計師很大的幫助。

漸趨豐富的影片內容

網路速度提升等因素讓我們可以輕鬆地透過影片學習。學習程式設計時，比起書上的文字資訊，影片更能讓我們**簡單理解使用工具時的操作順序**等，相當方便。

一面看影片一面動手實作，讓我們可以嘗試實際操作，學習時也可以配合自己的程度暫停或是調整播放速度。

IT 工程師熟悉的讀書會

對於完全沒有相關知識的人來說，只靠自己學習會相當辛苦。不少人是在大學的課堂上學習程式設計的，不過現在也陸續出現一些程式設計專業教育機構，讓學生可以輕易地向專家提問。

IT 工程師經常會參加的就是讀書會（圖 1-25）與研討會了，不管是付費或免費，都有很多相關活動，與其他企業的工程師交談，**不只可以提升自己的技能，也能提升學習動機。**

圖 1-24　IT 書籍的類別

以程式設計師、工程師為對象		以創作者為對象	以一般人為對象
程式設計	機器學習	圖像編輯	Word・Excel
網路	伺服器	DTP	Windows
資料庫	硬體開發	設計製作	製作網頁
資料科學	資格考試	影片編輯	網路商務
	...	...	...

圖 1-25　讀書會的型態

研討會形式　　　　　「沉默」讀書會　　　　LT（Lightning Talk）形式

由某個人進行長篇發表，其他人只需聆聽。

參加者各自圍者桌子讀自己喜歡的書。

大約每5分鐘就換人說話，聽講者可以聽到各式各樣的內容。

Point

🖊 學習程式設計的方式越來越多，除了書籍之外還有影片等。

🖊 IT 領域有越來越多能向他人學習的環境，例如教育機構、讀書會等。

小 試 身 手

檢視你所使用的軟體

　　即使是日常中使用的軟體，通常也不太會注意「它是什麼樣的公司以什麼技術開發？」，以及「軟體的商業模式？」。

　　免費的軟體與網路服務也需要開發成本，瞭解開發人數與發布軟體所需的開發時間，就能大致掌握軟體的開發規模與開發型態。

　　從這樣的角度進行調查，就可以歸納出「該公司的競爭公司是誰」，「自己適合在哪一種業界工作」，這對就職與轉職成為程式設計師相當有幫助。

　　也有些企業並沒有公開資訊，可以盡量查詢。

【 軟體相關資訊 】

	軟體名稱	開發者	具有相似功能的軟體
（例）	Word	Microsoft	Google文件、Pages
（1）			
（2）			
（3）			
（4）			
（5）			

【 開發企業相關資訊 】

	企業名稱	員工人數	營業額	商務模式
（例）	株式會社NTT Data	11,310人[※1]	2兆2668億日圓[※2]	以公共、金融、法人為對象進行系統開發等
（1）				
（2）				
（3）				
（4）				
（5）				

※1　2019年3月31日資料
※2　結算至2020年3月的年度資料（譯註：日本的會計年度為每年4月1日到隔年3月31日，因此結算到3月份）

## 第 2 章

程式設計語言之間的差異？

~比較語言間的特徵與程式碼~

≫ 轉換為電腦能處理的格式

用於程式設計的檔案

人類可以理解使用日語或英語等自然語言所寫的文章，而製作設計稿時如果使用圖表，也會變得更加容易理解且更直觀。但是電腦並無法直接處理文字資料與設計稿，因此我們必須將想要處理的內容轉換為電腦能夠理解的語言（機器語言）（圖 2-1）。

人類要使用機器語言相當困難，因此我們會使用容易轉換成機器語言的程式語言，來取代日常中的自然語言。軟體的開發，就是依照程式語言語法建立原始碼。

接下來我們需要將以程式語言編寫的原始碼，轉換成電腦可處理的機器語言程式，其檔案格式就是執行檔。

這個**編寫原始碼，建立程式的作業流程**，就叫做程式設計。程式設計有時也包含製作設計稿、測試程式是否正確運作，以及去除程式錯誤（bug）的除錯（debug）程序。

如何轉換為程式

要將原始碼轉換為程式，有編譯器與直譯器兩種方法（圖 2-2）。編譯器是**事前就一次將所有原始碼轉換為程式，執行時處理的是程式**。就像是翻譯文章一樣，事先把內容轉換好，執行時就能更快速地處理。

而直譯器的做法，是**在執行的同時一邊轉換原始碼**，就像是口譯一樣，將對方所說的話從旁傳遞出去，在處理上較為費時，不過發生意外狀況時可以簡單地稍作修正並再次執行。

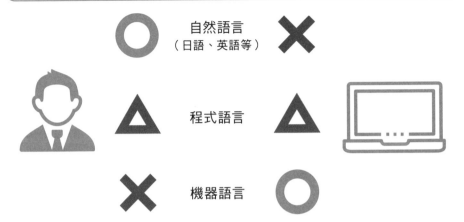

圖 2-1　人與電腦擅長的語言

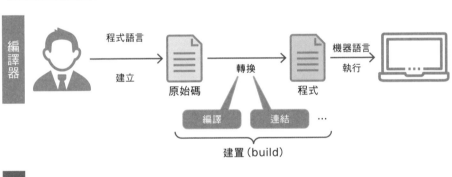

圖 2-2　編譯器與直譯器

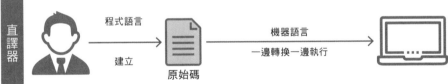

Point

✎電腦無法理解人類擅長的自然語言，人類也難以理解電腦處理資料所使用的機器語言，因此才會使用程式語言。

✎以電腦執行程式語言編寫的原始碼時，有編譯器與直譯器這兩種方式。

» 人與電腦能理解的語言

可由電腦直接處理的低階語言

語言可以透過「較接近電腦還是人類」為基準進行分類（圖 2-3）。電腦可以直接處理的只有機器語言，由於電腦是以二進位的方式處理資料，機器語言會是 0 和 1 的排列，但有時也會採用十六進位的方式，讓人類較能理解。

只是人類要理解十六進位依然相當困難，因此開始使用組合語言。組合語言**與機器語言是一對一的關係，可以寫得像英文一樣**，因此人類在閱讀上較為容易。

將組合語言寫出的原始碼轉換為機器語言，就叫做組譯（assemble），而進行轉換的程式就稱為組譯器（assembler）。有些人也會將組合語言的英文說為 assembler language。

這些較貼近電腦的語言，如機器語言和組合語言，就稱為低階語言（低級語言）。

人類較易閱讀的高階語言

人類並不是不能閱讀組合語言，但在製作大型程式，需要撰寫大量文字時，使用組合語言將不便於執行。而機器語言的寫法會因硬體而異，如果使用機器語言，想在其他製造商的電腦上運作程式時就必須重新改寫原始碼。

因此人類開始思考，使用語法上便於人類讀寫的程式語言編寫原始碼，再將其轉換為機器語言，這種更貼近人類的語言，就稱為高階語言（高級語言）。使用這些語言**寫下原始碼後，要轉換（移植）至其他硬體時**也更容易（圖 2-4）。

最近更出現支援跨平台的語言，可以讓程式直接在其他硬體與作業系統上執行。

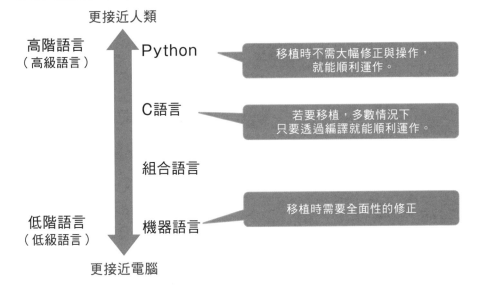

圖 2-3　高階語言和低階語言

更接近人類

高階語言（高級語言）

Python

移植時不需大幅修正與操作，就能順利運作。

C語言

若要移植，多數情況下只要透過編譯就能順利運作。

組合語言

低階語言（低級語言）

機器語言

移植時需要全面性的修正

更接近電腦

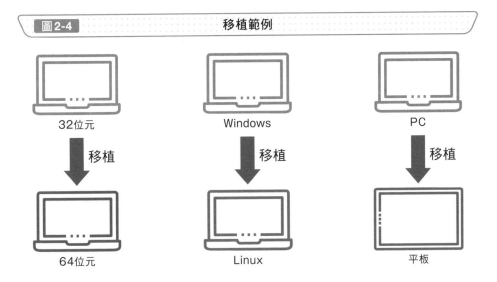

圖 2-4　移植範例

32位元 → 移植 → 64位元

Windows → 移植 → Linux

PC → 移植 → 平板

Point

🖉 雖然我們稱之為「低階語言（低級語言）」、「高階語言（高級語言）」，但並非代表語言的水準高低。

🖉 移植到其他硬體時，高階語言的轉換手續較少。

» 程式語言的分類

以處理程序為概念的程序式

無論使用哪種程式語言,最後都需要轉換為機器語言。而語言推陳出新的原因很多,像是「製作大型程式時較易維護」、「可以輕易地嘗試」,以及「希望提升處理速度」等,因此世界上才會存在眾多語言。

程式語言可以透過語言的設計概念大致分類,這就是程式設計典範(programing paradigm)。其中,從以前就使用至今的程序式就是以處理時的「程序」為概念。

程序式程式語言是將一連串的處理合併,再定義為程序,執行處理時要一面叫出所定義的程序(圖 2-5)。有些程式語言也會將程序稱為函式或副程式等。

將資料與操作合併的物件導向

程序式會叫出定義好的程序,只要事先寫好程式碼就能輕易地重複使用。不過由於原始碼的每個部分都能叫出程序,如果是大型程式可能會產生問題。

此外,在發生問題時,例如「叫出的順序錯誤」、「漏掉必要的步驟」與「擅將資料改寫」等情況,也很難調查出受影響的範圍。

因此也有另一種設計概念,稱為物件導向。將「資料」與「操作」合併後就稱為物件,只有透過預先決定好的操作才能存取物件內的資料(圖 2-6)。

這樣一來就可以隱藏執行其他處理不需要看到的資料與操作。像這樣只公開必要的操作,可以防止「操作時順序錯誤」、「擅自改寫資料」等狀況發生。

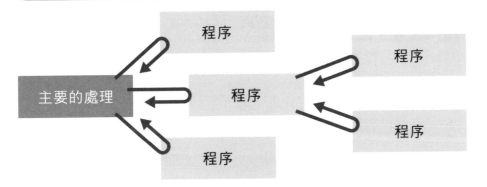

圖 2-5　程序式

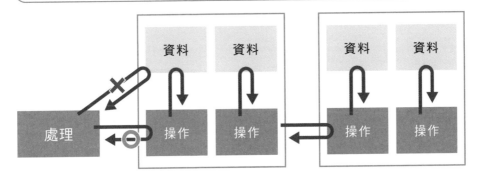

圖 2-6　物件導向

圖 2-7　程序式與物件導向的語言範例

程序式	物件導向
BASIC、C語言、COBOL、Fortran、Pascal 等	C++、Go、Java、JavaScript、Objective-C、PHP、Python、Ruby、Scratch、Smalltalk 等

Point

✎ 程序式語言從很久以前就使用至今，不過最近物件導向語言有增加的趨勢。

✎ 物件導向是將資料與操作合併處理，維護上更加容易，因此備受期待。

» 宣告式程式語言

不讓狀態產生變化的函數式

程序式與物件導向的概念雖然不同,但都是對電腦指示執行的「順序」,因此都可以歸類於「命令式」的程式語言。

相對於此,有一種程式語言類別為「宣告式」,它著重在「執行的內容」(圖 2-8)。宣告式程式語言並不會記錄執行的順序,而是**將「定義」告訴電腦,電腦會解釋該定義再行運作**。

宣告式程式語言中較常使用的有函數式程式語言,不過函數式一詞並沒有明確的定義,一般來說它指的是採用函式組合的編寫風格。

命令式的程式語言也會使用函式(程序),不過命令式在執行處理時會取得或改變狀態,相較於此,函數式的函式定義則不受狀態影響(圖 2-9)。由於函數式**無論狀態為何,相同的輸入都可以得到相同的結果**,因此在測試上較為容易。

此外,由於函式也可以視為資料處理,若是輸入至函式中,就可以使用函式的定義與規則來呈現處理結果,藉此呈現一致的風格。這種概念與物件導向合併資料與操作的想法有著明確的區別。

著重於真假的邏輯式

宣告式程式語言中,有一種稱為邏輯式的程式語言,Prolog 就是邏輯式程式語言的代表(圖 2-10),從很久之前就使用於人工智慧的研究。

邏輯式程式語言會使用邏輯運算式來定義關係,這個關係就稱為陳述,且只會取出真或假的其中一個值,雖然「找到滿足條件的內容」的概念是一種全新觀點,不過由於處理速度的問題,如今並不常應用於實務上。

圖2-8 命令式與宣告式

命令式	宣告式
・程序式	・函數式
・物件導向	・邏輯式

圖2-9 程序式與函數式的概念差異

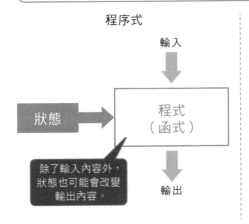

程序式

輸入

狀態 ➡ 程式（函式）

除了輸入內容外，狀態也可能會改變輸出內容。

輸出

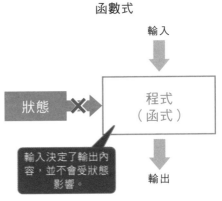

函數式

輸入

狀態 ✕ 程式（函式）

輸入決定了輸出內容，並不會受狀態影響。

輸出

圖2-10 函數式與邏輯式的語言範例

函數式	邏輯式
Clojure、Elixir、Haskell、LISP、OCaml、Scheme等	Prolog等

Point

✐除了程序式、物件導向以外也有其他語言，如函數式與邏輯式。

✐在函數式語言中，一樣的輸入內容會得到相同的輸出結果，另外也有一個特徵是函式也可以成為其他函式的輸入值。

» 容易使用的程式語言

馬上就能執行的腳本語言

　　想要簡單地製作小程式時，所使用的程式語言也稱為腳本語言。腳本語言有很多種，Shell Script 用於操作檔案與連續執行多個指令，JavaScript 與 VBScript 主要是在 Web 瀏覽器上執行，PHP、Perl、Ruby、Python 等則經常用於 Web 應用程式上。

　　它並不是用於開發一般程式，而是用在開發者為了簡化處理程序所執行的小程式，或是從 Web 瀏覽器存取的 Web 應用程式（圖 2-11）。

用於自動處理的巨集語言

　　用來將人工作業自動化的程式有時會稱為巨集語言。如果是 Word 與 Excel 等辦公軟體中的 VBA，可以透過滑鼠記錄與執行，如果是編輯器與瀏覽器中的 WSH，就必須使用 JavaScript 與 VBScript 等語言來編寫。

　　有的文字編輯器會執行自有的語言，除了可以自動化之外，有時也可以用於一般的程式設計，例如 Emacs 文字編輯器就能使用 Emacs Lisp 語言實現各式各樣的擴充功能。

賦予結構意義的標記式語言

　　人類閱讀正確書寫的文章時可以理解意思，但對電腦來說卻相當困難，因此出現了標記式語言，可以透過標題或強調等方式，**向電腦指示文章結構**。

　　例如，用於呈現網頁的 HTML 會使用標籤記號將元素框起，以表示連結與圖像（圖 2-12）。

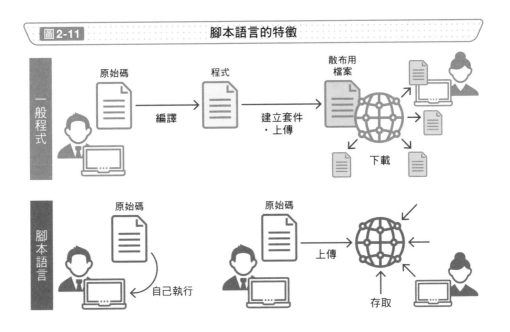

圖 2-11　腳本語言的特徵

一般程式

原始碼　→ 編譯 →　程式　→ 建立套件・上傳 →　散布用檔案

下載

腳本語言

原始碼　自己執行

原始碼　上傳　存取

圖 2-12　HTML 的範例

Web瀏覽器顯示內容

HTML的範例

```
<!DOCTYPE html>
    <meta charset="utf-8">
    <head>
        <title>圖解完全掌握系列</title>
    </head>
    <body>
        <img src="selogo.png" alt="翔泳社的標誌">
        <h1>圖解完全掌握基礎程式設計</h1>
        <hr>
        <ul>
            <li><a href="security.html">圖解完全掌握安全性機制</a></li>
            <li><a href="network.html">圖解完全掌握網路機制</a></li>
            <li><a href="server.html">圖解完全掌握伺服器機制</a></li>
        </ul>
    </body>
</html>
```

Point

🖉 要執行小程式時，使用腳本語言相當便利。

🖉 Word 與 Excel 等軟體中具有記錄操作內容的巨集語言，可以透過滑鼠記錄與執行。

🖉 HTML 等標記式語言會標記文章結構並向電腦下達指示。

≫ 程式語言的比較 1

歷史悠久的 C 語言和加入物件導向的 C++

C 語言歷史悠久，從很久以前就有很多系統是以 C 語言開發（圖 2-13），除了應用程式以外，也廣泛使用於各種領域，例如 OS 與程式語言的開發，**是進行底層操作時所需要的語言**。

此外，**C++** 語言是將 C 語言加入了物件導向，一般來說 C++ 的編譯器也可以編譯 C 語言的原始碼，如今，C++ 也運用在微電腦（如家電）與 IoT 等嵌入式系統的軟體開發及遊戲開發。

備受歡迎且擁有眾多使用者的 Java

Java 從約 2000 年開始就一直廣受歡迎（圖 2-14），除了運用於企業實務，也運用於大學的課堂，其特徵是擁有許多的使用者。

由於 Java 是在 JVM 虛擬機器上執行程式，**只要 JVM 可以運作，在任何環境都能使用**，除了企業的核心系統與 Web 應用程式的開發之外，Java 也可以運用於 Android 應用程式的開發。

用途廣泛的 C#

C# 語 言 是 由 Microsoft 公 司 開 發，在 開 發 Windows 應 用 程 式（.NET Framework 應用程式）時經常使用，它的語法和 C++、Java 相當接近，又可以免費使用 Visual Studio 等綜合開發環境（之後會提到），因此**對初學者來說也是一種易於學習的語言**。

除了 GUI 介面的應用程式開發外，最近用於遊戲開發的 Unity 也採用 C# 作為代表性的語言，此外，C# 也運用於可用來開發 iOS 與 Android 應用程式的 Xamarin，應用領域可說是相當廣泛。

圖 2-13 .... **C 語言的範例（計算字串中空白字元數的程式）**

> | **count_space.c**

```c
#include <stdio.h>

int count_space(char str[]){
    int i, count = 0;
    for (i = 0; i < strlen(str); i++)
        if (str[i] == ' ')
            count++;
    return count;
}

int main(){
    printf("%d\n", count_space("This is a pen."));
    return 0;
}
```

圖 2-14 .... **Java 的範例（計算字串中空白字元數的程式）**

> | **CountSpace.java**

```java
class CountSpace {
    private int countSpace(String str){
        int count = 0;
        for (int i = 0; i < str.length(); i++)
            if (str.charAt(i) == ' ')
                count++;
        return count;
    }

    public static void main(String args[]){
        CountSpace cs = new CountSpace();
        System.out.println(cs.countSpace("This is a pen."));
    }
}
```

Point

∥目前 C 語言依然用於開發需要操作硬體的軟體，以及嵌入式系統上運
作的軟體。

∥由於 Java 可以在各種環境中進行開發，所以很受歡迎。

≫ 程式語言的比較 2

有趣開發，易於學習的 Ruby

Ruby 是由日本人開發的程式語言，在全球備受歡迎（圖 2-15），很多人認為用 Ruby「編寫程式碼很有趣」，可以輕鬆享受程式設計的樂趣，也很容易上手。

其中 Ruby on Rails 的框架（請參考 **6-2**）相當有名，不只運用於許多 Web 應用程式的開發，**也越來越常運用在程式設計教育的教學現場**。

人氣激增的 Python

Python 的資料分析與統計等函式庫相當豐富，近來經常用於開發機器學習等人工智慧的應用（圖 2-16）。Python 與許多語言不同，**特徵是透過縮排（indentation）深度呈現出程式的區塊（block）**。

此外，Python 也內建於 Raspberry PI 等迷你電腦使用的作業系統中，更經常應用在 Web 應用程式的開發，深獲程式設計師的青睞，相關書籍更是接連出版，資料越來越多。

可以立即使用的 PHP

PHP 是許多 Web 應用程式所使用的語言，例如租用伺服器經常都已事先導入，因此在環境的建構上並不會太費工，馬上就能開始使用。

PHP 除了可以嵌入 HTML 使用之外，**也提供豐富的 Web 應用框架，簡單就能製作動態網頁**。此外，對初學者來說也是易於開發的語言，因此 PHP 的開發人員眾多，資訊量也相當豐富。

圖 2-15 **Ruby** 的範例（計算字串中空白字元數的程式）

> | **count_space.rb**

```ruby
def count_space(str)
    count = 0
    str.length.times do |i|
        if str[i] == ' '
            count += 1
        end
    end
    count
end

puts count_space("This is a pen.")
```

> | **count_space2.rb**（常見寫法）

```ruby
puts "This is a pen.".count(' ')
```

圖 2-16 **Python** 的範例（計算字串中空白字元數的程式）

> | **count_space.py**

```python
def count_space(str):
    count = 0
    for i in range(len(str)):
        if str[i] == ' ':
            count += 1
    return count

print(count_space("This is a pen."))
```

> | **count_space2.py**（常見寫法）

```python
print("This is a pen.".count(' '))
```

Point

✍最近在 Web 應用程式開發的領域中，Ruby on Rails 經常使用著名的 Ruby 與 PHP。

✍Python 在資料分析、統計與機器學習上備受矚目。

≫ 程式語言的比較 3

持續受到矚目的 JavaScript

JavaScript 語言主要是運用在 Web 瀏覽器中的處理（圖 2-17），它不需切換網頁就能改寫動態網頁內容，或與 Web 伺服器非同步通訊，因此經常受到使用。最近還有一種 **TypeScript** 語言可以轉譯為 JavaScript，也很受注目。

在 Web 應用程式的開發中，React、Vue.js、Angular 等框架也引發關注，因此開發時除了 JavaScript 與 TypeScript 之外，也開始需要瞭解框架的相關知識（請參考 **6-2**）。

除了能使用於 Web 應用程式外，JavaScript 也越來越常用於各種不同領域的開發，例如使用 Node.js 開發的 Web 伺服器端應用程式、使用 Electron 製作的桌面應用程式，以及運用 React Native 建構的手機應用程式。

JavaScript 本身是一種語言，除此之外，也有一種稱為 JSON（JavaScript Object Notation）的格式，能夠以 JavaScript 的資料定義為基礎，與其他應用程式進行資料的傳輸。

只要有文字編輯器與 Web 瀏覽器，就能進行 JavaScript 的開發，因此像是學校教科書也會採用 JavaScript，無庸置疑的是，JavaScript 往後依然會持續受到關注。

可以簡單處理自動化的 VBScript 與 VBA

VBScript 是由 Microsoft 公司開發的腳本語言，可以在 Windows 環境與 Web 瀏覽器（Internet Explorer）編寫簡單的處理（圖 2-18）。有一種經常用於桌面應用程式開發的語言稱為 Visual Basic，而 VBScript 就是以 Visual Basic 為基礎，是初學者經常使用的語言。

就像是 Word 與 Excel 軟體中，**VBA**（Visual Basic for Applications）經常用於將處理自動化，**VBScript 也經常用於將少量的人工作業自動化。**

圖 2-17　　　　　　　　**JavaScript** 的範例（計算字串中空白字元數的程式）

> | **count_space.js**

```javascript
function countSpace(str){
    let count = 0
    for (let i = 0; i < str.length; i++) {
        if (str[i] == ' ') {
            count++
        }
    }
    return count
}

console.log(countSpace("This is a pen."))
```

> | **count_space2.js**（常見寫法）

```javascript
console.log("This is a pen.".split(' ').length - 1)
```

圖 2-18　　　　　　　　**VBScript** 的範例（計算字串中空白字元數的程式）

> | **count_space.vbs**

```vbscript
Option Explicit

Function CountSpace(str)
    Dim i, count
    For i = 1 To Len(str)
        If Mid(str, i, 1) = " " Then
            count = count + 1
        End If
    Next
    CountSpace = count
End Function

MsgBox CountSpace("This is a pen.")
```

Point

📝 JavaScript 不只可用來執行 Web 瀏覽器端的處理，也使用於 Web 伺服器端與桌面應用程式等各式開發。

📝 VBScript 與 VBA 經常用於 Windows 的自動化。

》 讓程式在哪都能運作

目標是同時提升處理速度與方便性

脚本語言輕易就能執行，因此可以透過直譯的方式處理。不過，如果是需要反覆執行的 Web 應用程式，編譯方式將有利於速度的提升。

因此，有越來越多的語言表面上像是執行時才逐步轉換，其實是在**內部進行編譯處理**，這樣的語言就歸類為 JIT（Just In Time，即時編譯）形式。這種方式在初次執行處理時很花時間，不過第 2 次之後就可以提升執行速度。

也因此，最近在分類程式語言，越來越難以編譯器與直譯器為基準，即使是同一個語言，經常也會分為安裝直譯器與安裝編譯器的兩種版本。

不受限於 OS 與 CPU 的形式

使用直譯器時，**就算原始碼語法有誤，到執行前也不會發現**。因此出現了另一種方式，會在事前進行語法檢查與結構分析，並產生更接近機器語言的位元組碼（bytecode，中間代碼）（圖 2-19）。

若是使用位元組碼，就不必配合使用端的 OS 與 CPU 進行編譯，只要散布泛用的程式即可（圖 2-20）。若使用位元組碼，通常會在執行時逐步轉換為機器語言，也就是 JIT 的方式。

採用這種方式的程式語言中，Java 算是相當著名，而編譯後產生的位元組碼會透過 Java VM（虛擬機器）執行，從 Java 的口號 Write Once, Run Anywhere 也能看出它可以跨平台執行的特徵。其他類似的例子還有 Windows .NET Framework 使用的 CIL 中繼語言。

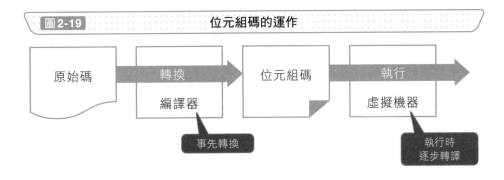

圖 2-19　位元組碼的運作

原始碼　→　轉換　編譯器　→　位元組碼　→　執行　虛擬機器　→

事先轉換

執行時逐步轉譯

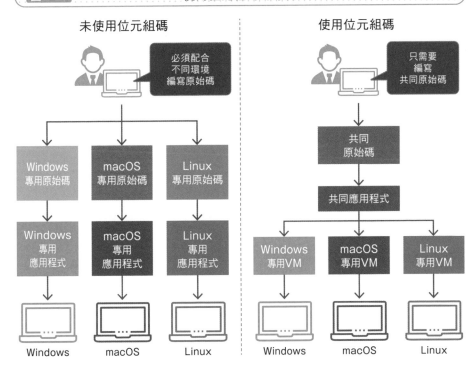

圖 2-20　使用位元組碼的好處

Point

- 有些語言用起來像是直譯語言，不過在初次處理時卻會先在內部編譯，提升執行速度。
- 使用位元組碼，就不需要配合使用端的 OS 與 CPU 進行編譯，可以減輕開發人員的負擔。

≫ 如何選擇程式語言？

依目的選擇

每個人學習程式設計與開發程式的目的不同，這些目的可以是「讓自己的工作更有效率」、「販賣軟體成功致富」、「建立新服務以貢獻社會」，又或是「為了以備不時之需」。

而程式設計就是一種實現目的的手段，也就是說，**只要可以達成目的，選擇哪種語言都沒問題**（圖 2-21）。其實只要決定製作內容與**執行環境**，就能大幅限縮符合條件的語言。

舉例來說，想製作 Windows 的桌面應用程式可以使用 C# 與 VB.NET，想製作 iPhone 應用程式，可以使用 Objective-C 與 Swift，在租用伺服器上運作的 Web 應用程式，可以透過 PHP、Perl 建構，而 Excel 的處理自動化，則經常會使用 VBA 等工具。

開發規模會影響語言的選擇

製作 Web 應用程式時，有很多程式語言可供選擇。只要能在 Web 伺服器上製作控制台應用程式，基本上任何語言都能使用，因此語言的選擇，會深受組織與專案中開發人員的技能等，也就是**開發規模**的影響。

很多因素會影響語言的選擇，例如「開發成員是否用得習慣」、「是否容易招募人才」、「問題發生時能不能獲得支援」、「相關資料是否充足」等。

大規模的系統通常會用 Java 開發，而在租用伺服器上製作的中小型系統則會使用 PHP，新創企業則較常使用 Ruby（Ruby on Rails）、Python、Go 等。此外，也可以像圖 2-22 一樣，在選擇時參考程式設計語言的人氣排行榜。

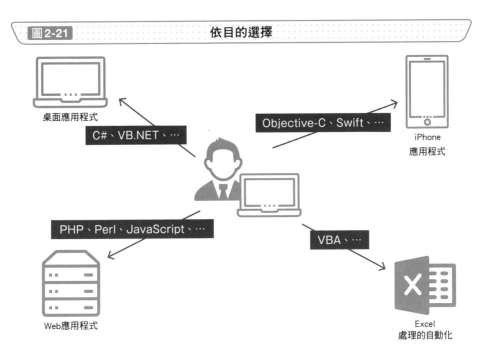

圖 2-21 依目的選擇

桌面應用程式

C#、VB.NET、…

Objective-C、Swift、…

iPhone
應用程式

PHP、Perl、JavaScript、…

VBA、…

Web應用程式

Excel
處理的自動化

圖 2-22 程式設計語言的人氣排行榜（**2020 年 5 月資料**）

排名	語言	使用率	排名	語言	使用率
1	C	17.07%	**6**	Visual Basic	4.18%
2	Java	16.28%	**7**	JavaScript	2.68%
3	Python	9.12%	**8**	PHP	2.49%
4	C++	6.13%	**9**	SQL	2.09%
5	C#	4.29%	**10**	R	1.85%

出處：依 TIOBE Index for May 2020 資料製表（**URL**：https://www.tiobe.com/tiobe-index/）

Point

🖉 如果不知道要使用哪種程式語言，可以從製作內容與執行環境來思考。

🖉 有時組織與專案的開發規模等因素會決定使用的語言。

🖉 也可以參考程式語言的人氣排行榜。

» 輸入與輸出

輸入與輸出是程式的基礎

程式會處理輸入資料後再行輸出,如果沒有輸入資料也能得到相同結果,開發程式就沒有意義了。相對的,若是輸入後得不到輸出結果,也會失去輸入的意義。

我們使用的程式也像圖 2-23 一樣,**有輸入就一定有輸出**。

舉個簡單的例子,從鍵盤輸入的資料在經過處理後,會透過顯示器顯示處理結果(圖 2-24)。如果是簡單的程式,會透過終端介面輸入,再將處理結果輸出到終端介面(圖 2-25),像這樣從鍵盤輸入資料到終端介面,就稱為標準輸入(STDIN),而輸出到顯示器(終端介面)上則稱為標準輸出(STDOUT)。

如果是使用印表機列印的軟體,輸入就相當於檔案,輸出就是印表機的列印結果。**多個程式一起運作時,也有些程式會接收其他程式的輸出內容,作為輸入資料,再將處理結果傳遞給其他程式。**

如果將檔案與其他程式作為某程式的標準輸入,就能在同一程式內(不要變更程式)處理這兩種輸入,若是將檔案與其他程式作為標準輸出,則可以切換輸出位置。

錯誤會輸出為標準錯誤輸出

若是只有標準輸入與標準輸出,發生錯誤時,錯誤的訊息就會輸出為標準輸出,因此,我們會**預先準備一個位置來輸出錯誤訊息**,那就是標準錯誤輸出。

這樣一來錯誤訊息就可以輸出到其他檔案等位置。

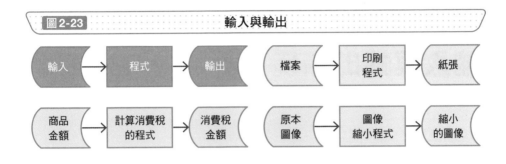

圖 2-23　輸入與輸出

圖 2-24　標準輸入與輸出

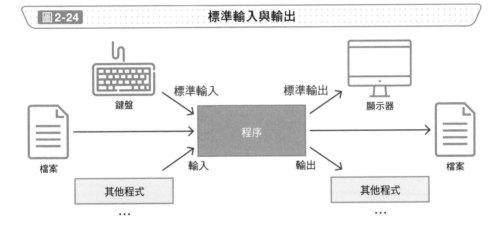

圖 2-25　在終端介面切換標準輸入、標準輸出的位置

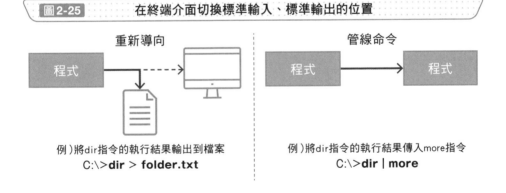

重新導向

例）將dir指令的執行結果輸出到檔案
C:\>**dir > folder.txt**

管線命令

例）將dir指令的執行結果傳入more指令
C:\>**dir | more**

Point

🖉 一般來說，標準輸入是鍵盤輸入至終端介面，標準輸出則是輸出至顯示器（終端介面）。

🖉 使用重新導向與管線命令，就可以切換標準輸入與標準輸出的位置。

》 開發程式的環境

簡單且高速運作的編輯器

由於原始碼是文字格式，因此也能使用 Windows 系統的「記事本」編寫，但一般來說我們還是會使用功能更方便的編輯器（文字編輯器）（圖 2-26）。

使用編輯器除了可以**將原始碼的保留字上色，讓畫面一目瞭然**之外，還可以運用**搜尋、取代，及自動完成輸入等功能**。這樣一來就能提升原始碼的輸入速度，也能提升正確性。

編輯器相較於接下來要介紹的 IDE 與 RAD 工具，在啟動和運作上都更加快速，因此許多開發人員都會使用。

IDE 具備協助開發的豐富功能

IDE（綜合開發環境）這套軟體比編輯器的功能更豐富（圖 2-27），不只可以用來編寫原始碼，**還可以專案式統一管理多份原始碼，只要有這套軟體，除錯、編譯、執行等都不是問題。**

除了原始碼之外，IDE 也可以管理圖像檔，有的 IDE 甚至具有版本管理功能，雖然啟動時間比編輯器更久，但好處在於初學者也能使用滑鼠操作。

可以配置 GUI 介面的 RAD 工具

使用 Windows 應用程式與手機應用程式時，使用者會需要透過滑鼠與手指點按來操作按鈕，而開發以上功能時，也必須使用工具在 GUI 介面配置按鈕與文字欄位。

這樣的工具稱為 **RAD**（Rapid Application Development），因為開發速度比起輸入程式碼快速許多，是一種常用的工具。

圖 2-26　　　　　　　　　　　　　　　　　編輯器範例

Visual Studio Code

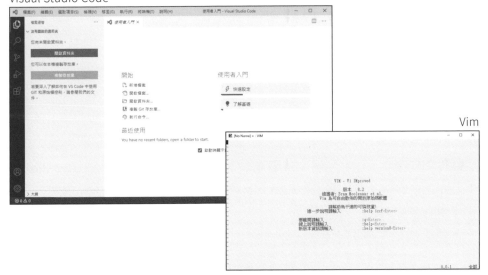

Vim

圖 2-27　　　　　　　　　　　　　　　　　　IDE 範例

XCode

Visual Studio

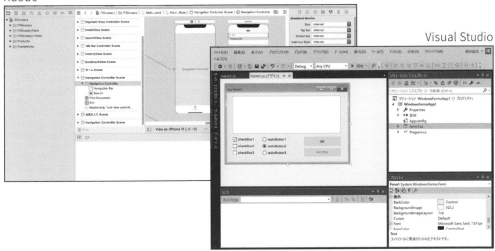

Point

✎如果使用編輯器與 IDE 編寫原始碼，開發將更有效率。

✎IDE 具備豐富功能，但啟動較為費時，若要開發小程式，編輯器會比較
方便。

小試身手

熟悉命令列的操作吧！

開發程式時，除了文字編輯器與 IDE 之外，也經常需要在終端介面上操作。在桌面應用程式與手機應用程式的開發中，只使用 IDE 就完成開發的情況越來越常見，但如果是 Web 應用程式，就一定要瞭解 Linux 的相關知識。

如果使用 Windows 系統，就要懂得使用命令提示字元與 PowerShell 的指令，若使用 Linux 與 macOS 系統，則要熟悉 UNIX 系統的指令，要不然就無法進行任何操作。

試著搭配自己的使用環境執行指令，操作檔案與資料夾吧！這裡要請各位在 Windows 執行簡單的指令，從開始選單啟動「Windows 系統工具」，再點選「命令提示字元」，之後請執行以下粗體字的指令。

```
C:\Users\xxx>cd C:\              ←移動到「C:\」

C:\>dir                          ←顯示資料夾內的檔案清單

C:\>mkdir sample                 ←建立新資料夾，檔名為「sample」

C:\>cd sample                    ←移動到建立的「sample」資料夾

C:\sample>echo print('Hello World') > hello.py
                                 ←製作Python程式的sample

C:\sample>type hello.py          ←確認製作的程式內容

C:\sample>del hello.py           ←刪除製作的程式

C:\sample>cd ..                  ←回到上一層資料夾

C:\>rmdir sample                 ←刪除建立的資料夾
```

這樣各位應該就能理解，只要會使用移動至資料夾、建立與刪除檔案等指令，即使沒有滑鼠也能進行各種操作。有時間記得也查詢其他指令和上述指令的選項喔。

數值與資料的處理方式

~使用什麼樣的數值型態才適合？~

第 3 章

» 瞭解電腦如何處理數字

日常生活中常用的十進位

在表示商品金額與物品長度時，我們會在不同數位使用 0~9 的十個數字呈現數值，一個位數不足以呈現時就使用十位，兩個位數不足以呈現就使用百位，透過數字 0~9 增加位數，這種表示方法就稱為十進位。

一般認為，十進位會被大量使用，是因為「人的雙手共有十根手指頭，因此較容易數數」。

方便使用的二進位

電腦是使用電力運作的機器，適合**使用「ON」、「OFF」進行控制**，因此經常會使用「0」、「1」兩個數值的二進位方式。它和十進位一樣，在數字變大時，會增加數位來呈現數字。

二進位與十進位間的對照就如同圖 3-1。當我們看到數字「10」，並無法分辨究竟是十進位或是二進位的 10，因此一般來說會在右下方寫下基數 ※1，例如十進位的 18，在二進位中會表示為 $10010_{(2)}$。

二進位的加法與乘法則有圖 3-2 中的規則，使用這個規則，就能計算出十進位的 3 x 6，在二進位中為 $11_{(2)} \times 110_{(2)} = 10010_{(2)}$，再從圖 3-1 將答案轉換為十進位中的 18。

用於減少位數的十六進位

二進位也可以呈現數值，不過數字一旦變大，位數也會跟著激增。舉例來說，十進位的 255 在二進位中會變成 8 位數，即 $11111111_{(2)}$。另外，排列多個 0 與 1 人類不易理解，因此經常會使用 **16** 進位的方式，在 0~9 的數字外加入 A、B、C、D、E、F，共 16 個英數字來表示數值。

※1 基數：1 個數位中可使用的數字個數，二進位就是 2，十進位則為 10。

圖 3-1 十進位、二進位、十六進位的對照表

十進位	二進位	16進位
0	0	0
1	1	1
2	10	2
3	11	3
4	100	4
5	101	5
6	110	6
7	111	7
8	1000	8
9	1001	9
10	1010	A
11	1011	B
12	1100	C
13	1101	D
14	1110	E
15	1111	F

十進位	二進位	16進位
16	10000	10
17	10001	11
18	10010	12
19	10011	13
20	10100	14
21	10101	15
22	10110	16
23	10111	17
24	11000	18
25	11001	19
26	11010	1A
27	11011	1B
28	11100	1C
29	11101	1D
30	11110	1E
31	11111	1F

第 **3** 章

瞭解電腦如何處理數字

圖 3-2 二進位的運算

加法	乘法	加法範例	乘法範例
0 + 0 = 0	0 × 0 = 0	100	11
0 + 1 = 1	0 × 1 = 0	+ 111	× 110
1 + 0 = 1	1 × 0 = 0	1011	11
1 + 1 = 10	1 × 1 = 1		11
			10010

Point

✎十進位使用 0~9 共 10 個數字，二進位使用 0 和 1 的 2 個數字，十六進位則是除了 0~9 之外還加入字母 A~F，共 16 個英數字來表示數值。

✎電腦是以二進位的方式處理資料，不過二進位的數字位數太多，因此有時會以十六進位的方式表示。

» 瞭解二進位的處理方式

無須進位的邏輯運算

二進位和十進位一樣可以進行加法與乘法的運算,除此之外,還有一種將**「0」和「1」對照為「假」與「真」等真值(邏輯值)的運算方式**,這就是邏輯運算(布林運算)。

邏輯運算可以分為圖 3-3 的「AND 運算」、「OR 運算」、「NOT 運算」以及「XOR 運算」等,將這些結果歸納為表格,就是所謂的真值表(圖 3-4)。AND、OR、XOR 運算是對 a、b 兩值進行運算,NOT 運算則是對某值進行運算並得到結果。

繪製電腦的電路圖時,會使用邏輯電路的電路符號,邏輯電路中有與上述邏輯運算法相應的符號,也稱為 MIL 符號。

以數位為單位處理資料的位元運算

由於邏輯運算不需要進位,運算時可以在各個數位分別處理,而可以對所有位元統一進行邏輯運算的方法,就稱為位元運算。

例)**10010 AND 01011 = 00010,10010 OR 01011 = 11011**

此外,位元運算中除了 AND、OR、NOT 和 XOR 之外,也經常使用移位運算,如名稱所示。移位運算可以移動(shift)位數進行運算,如果是左移,則將所有位元往左移動,而右移則是將所有位元往右移動(圖 3-5)。

由二進位的特徵可以得知,往左移動 1 個位元,數值會變為 2 倍,往右移動 1 個位元數值則會減半。由於移位運算只需要移動位元,比起用筆計算乘以 2 或除以 2 更為快速,例如乘以 3 倍時,就只要將往左移動 1 個位元的數值(2 倍)與原本的數字相加,乘以 6 倍時就只要將往左移動 1 位元的數值(2 倍)與往左移動 2 位元的數值(4 倍)相加,就能求得結果。

圖3-3 邏輯運算

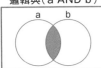

邏輯與（a AND b） 邏輯或（a OR b） 邏輯非（NOT a） 邏輯互斥或（a XOR b）

圖3-4 真值表

AND運算（a AND b）

a ＼ b	0（假）	1（真）
0（假）	0（假）	0（假）
1（真）	0（假）	1（真）

OR運算（a OR b）

a ＼ b	0（假）	1（真）
0（假）	0（假）	1（真）
1（真）	1（真）	1（真）

NOT運算（NOT a）

a	NOT a
0（假）	1（真）
1（真）	0（假）

XOR運算（a XOR b）

a ＼ b	0（假）	1（真）
0（假）	0（假）	1（真）
1（真）	1（真）	0（假）

圖3-5 位元運算範例

NOT運算

10010110
↓↓↓↓↓↓↓↓
01101001

對各個位元一次
執行相同的邏輯
運算

AND運算

11011100
↓↓↓↓↓↓↓↓
10010100
↑↑↑↑↑↑↑↑
10110110

左移

10010110
1001011000

往左移動2個位元
（右側補上0）

右移

10010110
10010

往右移動3個位元
（捨去右側的位元）

Point

✍ 位元運算會對所有位元執行邏輯運算。

✍ 若使用移位運算，在進行乘以 2 等計算時可以高速處理。

》 瞭解計算的基礎概念

計算方式基本上與算數相同

為了方便人類理解，許多程式語言會以算式的方式呈現四則運算。例如，將加法表示為「2 + 3」，減法表示為「5 - 2」，在數字之間加入運算子來表示。

此外，由於乘法的符號「×」是全形文字，因此在程式設計時要使用半形的「*」符號，而除法也一樣，要使用半形的「/」取代數學符號的「÷」，書寫後就像「3 * 4」與「8 / 2」一樣（圖 3-6）。

計算的優先順序也與算數相同

在算數中，一條算式可能會同時包含加法與乘法，例如，計算「1 + 2 * 3」時會先計算乘法，再算加法，因此答案是「7」。

而程式設計也一樣要先算乘法再算加法，這就是**運算子的優先順序**。不同語言的順序略有不同，不過基本上就如圖 3-7 所示。

要改變優先順序，就要像算數一樣使用括弧，如果寫為「(1 + 2) * 3」，就會先計算 1 + 2，再將計算後的結果乘以 3，最後會得到「9」。

經常使用的取餘數

程式設計經常會使用「取餘數」，以算數來說，就是「餘數」的概念，亦即**除法計算後無法整除的剩餘部分**。如圖 3-8，餘數會週期性地重複相同數值，因此在程式設計中，若是要進行定期且相同的處理將更加容易。例如，變更業務文件中每一行的顏色，或是要將小時換算為分、分換算為秒等，計算上也會相當簡單。

圖3-6 C 語言、Python 中的寫法範例

> | **以 C 語言為例**

```c
#include <stdio.h>

int main(){
   printf("%d\n", 5 + 3); // 加法
   printf("%d\n", 5 - 3); // 減法
   printf("%d\n", 5 * 3); // 乘法
   printf("%d\n", 5 / 3); // 除法
   printf("%d\n", 5 % 3); // 取餘數
}
```

> | **以 Python 為例**

```python
print(5 + 3) # 加法
print(5 - 3) # 減法
print(5 * 3) # 乘法
print(5 // 3) #除法（整數）
print(5 / 3) # 除法（小數）
print(5 % 3) # 取餘數
```

圖3-7 運算子的優先順序

優先順序	運算子	內容
高	**	指數
	*、/、%	乘法、除法、取餘數
	+、-	加法、減法
	<、<=、==、!=、>、>=、等	比較運算子（參考 **3-5**）
	not	邏輯運算子 NOT
	and	邏輯運算子 AND
低	or	邏輯運算子 OR

圖3-8 取餘數的特徵（若除數為 5）

會重複產生相同數值

數值	取餘數	數值	取餘數	數值	取餘數
0	0	5	0	10	0
1	1	6	1	11	1
2	2	7	2	12	2
3	3	8	3	13	3
4	4	9	4	14	4

Point

🖉 四則運算的計算順序與一般算數相同，使用乘法與括弧則可以改變順序。

🖉 使用取餘數，就可以簡單處理週期性出現的數值。

≫ 讓電腦記憶資料

資料的儲存場所——變數

在程式中指定值的儲存位置有兩種方法，就是變數與常數（圖 3-9）。

在數學方程式中使用 x 與 y 等符號取代想求得的值，這些符號就是變數。代表值是會改變的，而進行程式設計時，如果要將**執行時值會改變的各種資料存到記憶體**，也會使用變數。

必須多次進行複雜計算時，只要事前計算共同的部分並儲存計算結果，就能重複運用在計算過程中，提升效率，這時就要**預留過程中資料的儲存位置並予以命名**。這樣一來，只要指定該名稱，就能讀取所儲存的資料值。

上述的例子並不需要改寫資料值，不過進行重複的處理時，也可能會需要變更資料值。以計算九九乘法為例，比起寫下 1 到 9 的全部數字，在變數中儲存 1 到 9 的值，處理資料時才代入不同數字，程式也會更簡潔易讀（圖 3-10）。

儲存後就不能變更資料的常數

變數中儲存的資料是可以變更的，也就是說，值可能會一直改變，如果不看變數內容，就不知道儲存了什麼資料。而某個開發人員所儲存的值也可能會在其他處理中受到更改，這代表有些程式內容**會有較高的機會發生錯誤**。

相較於此，常數**的資料一旦儲存就不能改寫**（圖 3-11），常數與變數一樣，可以在多個地方使用相同的值，不需要重複書寫。使用常數時，在變更資料的瞬間就會發生錯誤，不只修正時容易找出問題，只看名稱也能知道是什麼樣的值。

圖 3-9　　　　　　　　　　　　　　　　　變數與常數

變數　　　　　　　　　　　　　　　常數

可以多次變更內容　　　　　　　　　只能寫入一次

圖 3-10　　　　　　　　　　　在重複性的處理中使用常數

> | **不使用變數**

```
print("%d * %d = %d" % (1, 1, 1 * 1))
print("%d * %d = %d" % (1, 2, 1 * 2))
print("%d * %d = %d" % (1, 3, 1 * 3))
...
print("%d * %d = %d" % (9, 7, 9 * 7))
print("%d * %d = %d" % (9, 8, 9 * 8))
print("%d * %d = %d" % (9, 9, 9 * 9))
```

【執行結果】
```
1 * 1 =   1
1 * 2 =   2
1 * 3 =   3
      :
9 * 7 = 63
9 * 8 = 72
9 * 9 = 81
```

> | **使用變數**

```
for i in range(1, 10):  ←使用變數 i
    for j in range(1, 10):  ←使用變數 j
        print("%d * %d = %d" % (i, j, i * j))
```

圖 3-11　　　　　　　　　　　　常數的使用範例

```
PI = 3.14        ←圓周率
ROOT_DIR = '/'   ←系統的根目錄
```

Point

✎ 使用變數可以暫時存入值，之後也能變更內容。

✎ 使用常數時，存入值之後就無法變更，可以避免使用變數時錯誤變更資料值的情況。

» 與數學中「=」的差異

在變數中存入值

在數學上由文字與數字表示的數值，稱為值，而程式設計也是如此，為了表示值，使用了各式各樣的數值表現方式。此外，將值存入變數的動作就稱為代入（圖 3-12）。

將值代入變數，可以將值存入變數對應的記憶體空間，這樣一來，**一直儲存於變數中的值就會被覆蓋**。舉例來說，「x = 5」的處理意味著「將 5 代入 x」，無論以前變數 x 中儲存什麼值，在此處理完成後，只要使用 x 變數就會讀出 5。

另外，指定變數名稱就能讀取儲存於該變數的值，因此也有一種寫法是「x = x + 1」。雖然這個寫法在數學上並不恰當，但在程式設計中，則代表將目前的 x 加上 1，並再次代入 x，也就是說，若是在「x = 5」之後執行「x = x + 1」，那麼 x 的值就會變成 6。

比較兩筆資料間的關係

數學中，要比較數值大小時會使用「>」、「<」與「=」等符號。若要在程式中透過條件分支比較數值大小，也和數學一樣會使用符號，也就是比較運算子（圖 3-13）。

例如，想查詢「x 是否小於 y」時，就寫下「x < y」，想查詢「x 是否大於 y」時，則寫下「x > Y」。然而，如果想查詢的是「x 是否等於 y」，那麼大多數的語言會使用 2 個「=」寫為「x == y」，沒有使用「=」，是因為「=」已經用來表示代入了。此外，其他語言也有不同的表示方式，像 VBScript 等語言在代入與比較時都使用「=」，Pascal 則是將「:=」用於代入，「=」用於比較。

另外，表示不相等時，可以寫為「x<>y」與「x!=y」。

圖 3-12　代入時同時計算的範例

> │ **以 Python 為例**

```
a = 3          ←將3代入a
print(a)       ←輸出「3」
a += 2         ←a加2後，再代入a（相當於a = a + 2）
print(a)       ←輸出「5」
a -= 1         ←a減1後，再代入a（相當於a = a - 1）
print(a)       ←輸出「4」
a *= 3         ←a乘以3後，再代入a（相當於a = a * 3）
print(a)       ←輸出「12」
a //= 2        ←將a除以2後，再代入a（相當於a = a // 2）
print(a)       ←輸出「6」
a **= 2        ←將a的2次方代入a（相當於a = a ** 2）
print(a)       ←輸出「36」
```

圖 3-13　比較運算子（以 Python 為例）

比較運算子	意思
a == b	a與b相等（值相同）
a != b	a與b不相等（值不相同）
a < b	a小於b
a > b	a大於b
a <= b	a小於等於b
a >= b	a大於等於b
a <> b	a與b不相等（值不相同）
a is b	a與b相等（物件相同）
a is not b	a與b不相等（物件不相同）
a in b	a元素包含於b串列
a not in b	a元素不包含於b串列

Point

✎透過代入，可以將值儲存於變數中。

✎比較 2 個值要使用比較運算子。

≫ 讀起來簡單易懂的名字

無法使用於變數名稱的保留字

有些程式語言對於變數的命名（變數名稱）有所限制，以 Python 為例，第 1 個字元要是字母或底線（_），第 2 個字元以後則使用字母、數字與底線。另外，變數名稱的長度並無限制，且大、小寫有所區別（圖 3-14）。

即使符合這些規則，**依據不同程式語言的規定，還是有些名稱無法使用**。例如許多語言都將「if」使用於條件分支，因此無法將「if」定義為變數名稱。

這些事先規定好不能用於變數命名的關鍵字，就稱為**保留字**（圖 3-15），保留字依程式語言而異，除了會保留目前已使用的程式指令外，也會預先保留（就像預約一樣）未來可能需要的用字。

出現在原始碼中的定字與魔術數字

在原始碼中出現的文字與數字等，就稱為**定字**（literal），例如寫下「x = 5」，並代入變數和常數時，其中的「5」就屬於定字。

若只有寫下數值，那麼**數值的意義就只有書寫原始碼的本人才瞭解**，這種值稱為**魔術數字**，由於維護不易，並未受到程式設計師的青睞（圖 3-16）。

舉例來說，若只有「s = 50 * 20」，並無法看出 50 和 20 是什麼值，但如果註明「width = 50」、「height = 20」，並寫有「s = width * height」，就可以知道這是個求取長方形面積的算式。

若數字相同，卻指定「price = 50」、「count = 20」，並寫有「s = price * count」，就可以判斷這是在計算單價與個數的合計金額。

圖 3-14　Python 中可用與不可用的變數名稱範例

>｜ 可用名稱範例
tax_rate
Python3

>｜ 不可用名稱範例
8percent
10times

※Python 的編碼規範 PEP-8 建議，變數名稱全部使用小寫字母，並用底線區隔。

圖 3-15　Python 3.7 的保留字一覽表

False	None	True	and	as	assert	async
await	break	class	continue	def	del	elif
else	except	finally	for	from	global	if
import	in	is	lambda	nonlocal	not	or
pass	raise	return	try	while	with	yield

圖 3-16　魔術數字

這是在計算面積，所以是長×寬，真簡單……

$$s = 50 * 20$$

...

讀原始碼的人
並無法立即理解

這算式是計算什麼啊？
單價×個數嗎？

Point

✎變數的命名可以使用字母、數字、底線等，但不能使用被指定為保留字的關鍵字。

✎突然在原始碼中看到數字時，並無法判斷其意思，因此將數字儲存在適切命名的常數中較為理想。

» 以電腦處理數字

處理整數資料的型別

變數中存入的數值型態，會影響保留的空間大小，若是只儲存 0 或 1 兩種數字卻保留很大空間，很容易就會導致記憶體不足。

將常用的數值**依據數值種類，預先決定足夠的儲存空間**。最常用的有整數，無論是商品金額、個數、排名或是頁數等，整數充斥於我們的生活。

電腦也被翻譯為計算機，從名稱可以看出它是一台擅於計算的機器，一定會需要處理整數數值。最近的電腦具備整數型別，用於儲存整數，一般來說，依據處理的數值大小會保留 32 位元或 64 位元的空間（圖 3-17）。

處理小數資料的型別

表示尾數、比例，與變更單位時，有時會使用小數，由於二進位也需要處理小數資料，因此會使用浮點數來表示（圖 3-18）。其格式受到 IEEE 754 的標準規範，其中常用的格式有單精度浮點數（32 位元）與雙精度浮點數（64 位元）。

這種方式也稱為實數型別，是將符號、指數、有效位數分別以固定長度表示的方法，並且受到許多程式語言的採用。不過實數型別雖然同時可以表示整數與小數，**卻很可能只是近似值 ※2，因此若是要求正確性，即使數值很大也會使用整數型別**。

處理真值的資料型別

有些程式語言中具有邏輯型態（布林型態），這種資料型別用於處理真、假等真值（邏輯值）。

※2 近似值：用於無法表示正確數值的情況，意思是近似於原數值。

圖 3-17 整數型別可處理的數值大小

大小	有符號（signed）	沒有符號（unsigned）
8位元	-128～127	0～255
16位元	-32,768～32,767	0～65,535
32位元	-2,147,483,648～2,147,483,647	0～4,294,967,295
64位元	-9,223,372,036,854,775,808 ～9,223,372,036,854,775,807	0～ 18,446,744,073,709,551,615

圖 3-18 浮點數的表示方式

單精度浮點數（32位元）

符號 （1位元）	指數 （8位元）	有效位數 （23位元）

雙精度浮點數（64位元）

符號 （1位元）	指數 （11位元）	有效位數 （52位元）

【從十進位小數轉換為浮點數】

❶ 符號位元：加號→0、減號→1
❷ 將絕對值轉換為二進位
❸ 移動小數點的位置（讓開頭變成1）
❹ 有效位數是取出開頭1以外，其餘數位的數字
❺ 指數部分加上127，再轉換為二進位

例）-123.45$_{(10)}$

❷ 123.45$_{(10)}$＝1111011.0111001100110011…$_{(2)}$

❶ ❹ 1 10000101 11101101110011001100110

❸6個數位 ⟶ ❺6+127=133$_{(10)}$=10000101$_{(2)}$

例）0.012345$_{(10)}$

❷ 0.012345$_{(10)}$＝0.0000001100101001000010101$_{(2)}$

❶ ❹ 0 01111000 10010100100001010101110

❸7個數位 ⟶ ❺-7+127=120$_{(10)}$=01111000$_{(2)}$

Point

🖊整數型別分為有符號與沒符號兩種，而位元數會決定可處理數值的大小。

🖊實數型別是以浮點數的方式處理數值，不過其數值可能只是近似值。

≫ 相同類型的資料一起處理

要事先保留空間，還是執行時才增減空間大小？

將同類型的資料連續排列，就稱為**陣列**，陣列內每筆資料則稱為元素。使用陣列不只可以**統一定義多筆資料**，而且因為每個元素都有編號，只要從**開頭處指定索引（index）就可以存取**。

假設有 10 個箱子，且每個箱子都是整數型別的元素（圖 3-19），這樣一來，從頭開始依序會有第 0 個元素、第 1 個元素、……一直到第 9 個元素，這種從 0 開始的索引相當普遍。

事先決定箱子個數（陣列大小）並保留空間，這種陣列稱為**靜態陣列**。事先確定空間大小雖然能大幅提升處理速度，不過卻無法放入大於原定大小的資料。

如果不知道會有多少資料，執行前不確定陣列的元素數量所需空間，就可以使用**執行過程中增減空間的方法**。這就是**動態陣列**，這個方法可以依需求變更元素數量，不過處理上稍微費時。

另外，在陣列中新增元素時，若是新增至陣列的中間位置，就會需要移動之後的所有元素。刪除時也相同，為了能從頭連續存取，會需要將後方的元素向前移動（圖 3-20）。

將陣列放入陣列中

可以放入陣列的元素除了整數型別外，還有小數與字元。此外，陣列中的元素也可以是陣列，這就是**多維陣列**。多維陣列也可以用來處理表格式資料，如圖 3-21。

圖 3-19　　　　　　　　　　　陣列

索引

price[0]	price[1]	price[2]	price[3]	price[4]	price[5]	price[6]	price[7]	price[8]	price[9]
price | 837 | 294 | 174 | 305 | 812 | 363 | 746 | 902 | 136 | 425 |

元素

圖 3-20　　　　　　　　在陣列插入與刪除元素

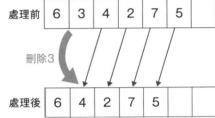

處理前 | 6 | 3 | 4 | 2 | 7 | 5 | |

將8插入
3、4之間

處理後 | 6 | 3 | 8 | 4 | 2 | 7 | 5 |

處理前 | 6 | 3 | 4 | 2 | 7 | 5 | |

刪除3

處理後 | 6 | 4 | 2 | 7 | 5 | | |

圖 3-21　　　　　　　　　　　多維陣列

a[0][0]	a[1][0]	a[2][0]	…	…	…	a[7][0]
a[0][1]	a[1][1]	a[2][1]	…	…	…	a[7][1]
…						
…						
a[0][4]	a[1][4]	a[2][4]	…	…	…	a[7][4]

Point

✐ 使用陣列可以統一定義多個值，從第一筆資料開始編號，就能指定號
碼，直接存取各個元素。

✐ 如果要在陣列的中間位置新增或刪除元素，就必須要移動後方的其他
元素，元素數量很多時處理會更耗時。

» 以電腦處理字元

處理字母與數字的 ASCII

電腦輸出、輸入的不只是數字，也可能是字元。這時候電腦內部會**將字元也當成整數處理，顯示該數字的相應字元。**

例如「A」字元會對照到 65（16 進位為 41），「B」對照到 66（十六進位為 42），「C」則對照到 67（十六進位為 43），像這樣各自有著相應的整數。一般來說，字母與數字經常會使用 ASCII 等字元編碼（對照表），並以十六進位表示，如圖 3-22。

字母的大寫與小寫加起來共有 52 種，再加上 0 到 9 這 10 個數字，以及部分符號與控制字元 ※3 等，只要能表示 128 個字元就已足夠，而表示 128 個字元也只需要 7 個位元，不過 ASCII 則是在 7 位元外再加上 1 位元，以許多電腦的最小單位，也就是 1 位元組（8 位元）來處理資料。

以電腦處理字串時

字元是以 1 字元為資料處理單位，而排列有多個字元，像是單字與句子，就稱為字串。以電腦處理字串時並非以字元為單位，**而是將整個字串放入陣列處理。**

許多程式語言，如 C 語言，會保留足夠長度的陣列以放入字串，將需要的字元儲存其中。為了瞭解字串在陣列中佔據多少位置，會在最後端填入 **NULL（空）字元**這種控制字元（結束字元）（圖 3-23）。

C 語言在標示字元時會使用單引號（,），標示字串時則使用雙引號（"）。除此之外，有些語言也具有可表示字串的「類別」（Class），像是 Java、Ruby 與 Python 等。

※3 控制字元：要讓顯示器與印表機等設備進行特別的運作時所使用的特殊字元。

圖 3-22　　以 ASCII 表示的字元

	-0	-1	-2	-3	-4	-5	-6	-7	-8	-9	-A	-B	-C	-D	-E	-F
0-																
1-																
2-	SP	!	"	#	$	%	&	'	(	)	*	+	,	-	.	/
3-	0	1	2	3	4	5	6	7	8	9	:	;	<	=	>	?
4-	@	A	B	C	D	E	F	G	H	I	J	K	L	M	N	O
5-	P	Q	R	S	T	U	V	W	X	Y	Z	[	\	]	^	_
6-	`	a	b	c	d	e	f	g	h	i	j	k	l	m	n	o
7-	p	q	r	s	t	u	v	w	x	y	z	{			}	~	

※ 灰色部分是表示控制字元

圖 3-23　　字串

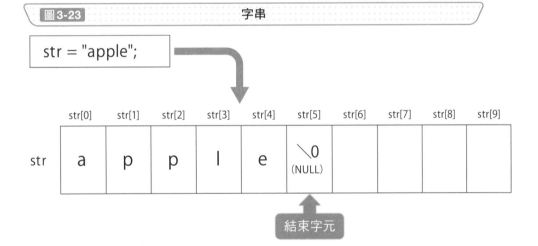

```
str = "apple";
```

str[0] str[1] str[2] str[3] str[4] str[5] str[6] str[7] str[8] str[9]

str　a　p　p　l　e　\0 (NULL)

結束字元

Point

✎ 在電腦上呈現字元時，會透過字元編碼，對照到相應數值。

✎ 多個字元排列就稱為字串，以 C 語言為例，處理字串資料時會先保留陣列空間，並逐一放入字元，最後會放入控制字元，以判斷字串的結束位置。

≫ 處理非英語系資料時的注意事項

多種日語字元編碼與亂碼

ASCII 最多可以處理 128 個字元，不過，以日語為例，日語包含了平假名、片假名與漢字，128 個字元並不足夠，這種情況下表示字元時會用到 2 位元組以上，而非 1 位元組。

使用 2 位元組呈現日語字元的字元編碼中，常用的有 **Shift_JIS**、**EUC-JP** 與 **JIS 編碼**等，只要 2 個位元組，最多可以表現出 65,536 種字元。

只是，**一旦有多種字元編碼，不同電腦間傳輸資料時就可能無法正確顯示**。前陣子日本的 Windows 普遍使用 Shift_JIS，而 UNIX 系統作業軟體則使用 EUC-JP，如果開啟檔案時，不使用與檔案建立環境相同的字元編碼，文字就無法正確顯示，因而產生亂碼（圖 3-24）。

除了日語之外，這樣的問題也存在於世界上的其他語言，中文、韓語，及其他各國都有自己的字元編碼，如果要顯示以這些字元編碼建立的檔案，會相當不便。

可處理字元大幅增加的 Unicode

Unicode 的出現，是為了解決亂碼以及需要處理多種字元編碼資料的情況（圖 3-25），由於 Unicode 是各國語言的字元集，相較於以往的字元編碼，其特徵是可處理的字元數大幅提升。

這裡需要注意的是 **Unicode 不是字元編碼，而是字元集**。而字元集的編碼格式則有 UTF-8 與 UTF-16 等，最近 UTF-8 的使用有增加的趨勢。

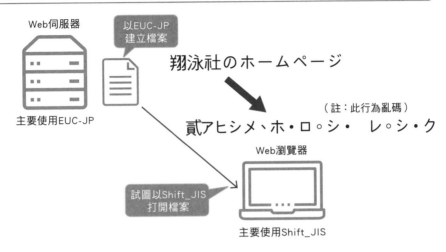

圖 3-24 亂碼的產生

Web伺服器

以EUC-JP
建立檔案

翔泳社のホームページ

主要使用EUC-JP

（註：此行為亂碼）

貳アヒシメ、ホ・ロ。シ・　レ。シ・ク

Web瀏覽器

試圖以Shift_JIS
打開檔案

主要使用Shift_JIS

圖 3-25 具國際性的 Unicode

สวัสดี

Chào bạn

こんにちは

您好

안녕하세요

全部都能以相同字元編碼處理

Point

🖉 日語有多種字元編碼，如不指定正確編碼，就會產生亂碼的問題。

🖉 最近多使用國際性的字元集，也就是 Unicode，編碼方式以 UTF-8 為
主流。

》 呈現複雜的資料結構

統一處理不同型別的資料

如果某間學校想要處理學生的成績資料，可以分別準備學生姓名與考試分數的陣列，不過一般來說，應該會希望 1 位學生的成績就是 1 筆資料，而不是使用不同的陣列管理。

陣列中只能存入相同型別的資料，**若想將不同型別卻相關的多個項目統一管理**，就可以使用結構（圖 3-26）。使用結構前，必須先定義結構中的資料型態，並宣告使用該資料型態的變數。

舉例來說，如果將資料型態定義為學生姓名還有分數，成績就可以當作 1 個變數處理。結構不只讓我們能以變數的方式處理資料，還能將多名學生的成績轉換為陣列，這樣一來，不同型別的資料也能以簡單明瞭的方式統一呈現。

列舉所有可取得的值

使用整數型別可以表示很多數值，但實際上數值卻不一定有那麼多。舉例來說，使用數值表示星期幾時，以 0 表示星期日、1 表示星期一、……、以 6 表示星期六，這樣一來有 7 個數值就已足夠。

而且，在表示星期幾的變數中只會代入從 0 到 6 的整數，並不會代入其他數值。不過，假如採用整數型別，並決定以「2」代表星期二，這時只看到「2」這個數字，也不容易直覺地知道那代表星期幾（譯註：日文中的星期二是「火曜日」，因此較難與數字 2 產生連結）。

這時候我們可以使用只儲存特別資料值的列舉型別（圖 3-27），代入的數值會一目瞭然，**不只能減少開發時的失誤，他人在瀏覽原始碼時也很容易就能理解**。

如果代入未經定義的數值，有些語言會以例外的方式處理，這在 **4-8** 將會介紹，這樣一來就能避免錯誤發生。

圖 3-26　結構範例

通訊錄

姓名	
羅馬拼音	
郵遞區號	
地址1	
地址2	
電話號碼	

圖 3-27　列舉型別範例

> **以星期幾為例**

```python
from enum import Enum

class Week(Enum):        ←列舉型別的定義
    Sun = 0; Mon = 1; Tue = 2; Wed = 3;
    Thu = 4; Fri = 5; Sat = 6

day_of_week = Week.Sun    ←代入列舉型別中的星期資料
if (day_of_week == Week.Sun) or (day_of_week == Week.Sat):
    print('Holiday')
else:
    print('Weekday')
```

Point

✐使用結構可以統一處理不同型別的資料。

✐使用列舉型別就能限制所能儲存的資料值，可以減少開發時的錯誤，
並讓原始碼更容易閱讀。

» 讓程式可以處理不同類型的資料

將資料轉換為想要的型別

「我想將整數型別的資料轉換為浮點數資料」、「我想將『123』從字串型別轉換為整數型別」，轉換資料型別，就稱為型別轉換。

當程式設計師沒有明確指定型別轉換，編譯器卻自動執行時，就是所謂的隱含轉換。例如，將單精度浮點數的值代入雙精度浮點數的變數後，數值並不會改變，將 32 位元的整數帶入雙精度浮點數的變數中，數值也一樣不會改變。

另一方面，以原始碼指定轉換型別，強制進行型別轉換，就稱為明確轉換（鑄型，圖 3-28）。當浮點數代入整數變數時，可能會遺失小數點，所以需要在程式中做強制型別轉換。

此外，在 C 語言當中，若是將 double 型別（雙精度）的浮點數代入 int 等整數型別的變數，即使沒有明確指定，小數點以下的數值也會被去除（圖 3-29）。雖然相當方便，**未來卻可能導致預料外的錯誤發生**。

超過型別所能處理的數值上限——溢位

代入數值超過型別所能處理的上限時，就稱為溢位（超出能處理的數字範圍，圖 3-30）。以 32 位元的整數型別為例，可處理的數值範圍是 -2,147,483,648~2,147,483,647，要是在 32 位元整數型別的變數中代入 30 億的數值，將會超出所能處理的數值範圍，因而發生資料溢位。

型別轉換也相同，如果將字串型別的數值代入整數型別的變數，進行型別轉換，或是將 32 位元整數型別的數值代入 8 位元整數型別的變數時，**都會發生溢位並遺失資訊**。

| 圖 3-28 | 需要鑄型的範例 |

> | **數值與字串間的型別轉換**

```
value = 123
print('abc' + str(value))    ←將整數轉換為字串再結合（輸出為abc123）
str = '123'
print(int(str) + value)      ←將字串轉換為整數後再相加（輸出為246）

print('abc' + value)         ←將字串與整數結合（會發生錯誤）
print(str + value)           ←字串與整數相加（會發生錯誤）
```

| 圖 3-29 | 型別轉換後資料遺失的範例 |

> | **數值與字串間的型別轉換**

```c
#include <stdio.h>

int main() {
    int a = 3.1;          // a代入3.1
    printf("%d\n", a); //輸出3
    return 0;
}
```

| 圖 3-30 | 溢位 |

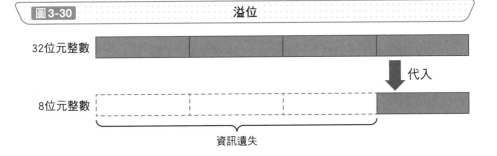

32位元整數

8位元整數

代入

資訊遺失

Point

🖉 雖然可以透過鑄型轉換為不同的資料型別，卻可能會失去部分資料。

🖉 型別可儲存的資料值大小有其上限，儲存超過上限的數值，會發生溢位並遺失資料。

處理陣列時使用名稱，不使用編號

以名稱存取的陣列

存取陣列時會指定索引值，也就是目標元素的編號，不透過數值存取的資料結構則稱為關聯陣列，它並不像陣列一樣指定 0、1 等編號，而是指定元素名稱加以存取，如「國語」、「算數」（圖 3-31）。

像這樣使用**喜歡的名稱當作索引來存取，瀏覽原始碼時內容也會更清楚易懂**。

有些程式語言會將關聯陣列稱為字典（dictionary）、雜湊（hash），或是對應（mapping）。

可用來維護安全性的雜湊

關聯陣列會被稱為雜湊與雜湊函式有關。雜湊函式也稱為哈希函式，會在數值傳入函式後進行某種轉換，再輸出結果，其特徵是「同樣的輸入內容會得到相同的輸出結果」，而這個特徵使得雜湊函式得以廣泛運用在各種情境，例如儲存登入的密碼（圖 3-32）。

而關聯陣列中使用的則是雜湊表，雜湊表具有一個很重要的**特徵，那就是「不同輸入內容很少會得到相同輸出結果」**。得到相同輸出結果的情況稱為「衝突」，衝突一旦發生就需要設法解決，因此會降低處理效率。安全性與加密等情境中會使用「單向雜湊函式」，它除了以上特性外還具有以下特徵，這些可以運用於密碼的儲存，或檢查檔案是否遭到竄改。

· 輸入內容一旦稍有不同，輸出結果將大幅改變
· 很難從輸出結果回推輸入內容

圖 3-31　　陣列與關聯陣列的差別

一般陣列

成績　| 0 | 1 | 2 | 3 | 4 |

以編號存取

關聯陣列

成績　| 國語 | 算數 | 英語 | 理科 | 社會 |

以名稱存取

圖 3-32　　雜湊的使用範例

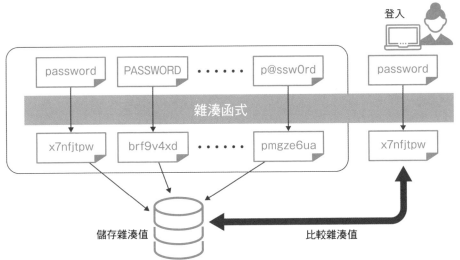

登入

| password | PASSWORD | ...... | p@ssw0rd | | password |

雜湊函式

| x7nfjtpw | brf9v4xd | ...... | pmgze6ua | | x7nfjtpw |

儲存雜湊值　　　　　　　　比較雜湊值

Point

✎ 使用聯想陣列，可以指定名稱作為陣列索引並以此存取，因此原始碼
看起來也更清楚易懂。

✎ 在應用於雜湊的雜湊函式中，會使用的是相同輸入可以得到相同輸
出，不同輸入難以得到相同輸出的函式。

» 瞭解記憶體構造再處理資料

表示記憶體位置的位址

　　程式中所使用的變數與陣列，執行時是位在電腦的記憶體上，而表示記憶體內位置的編號，就稱為位址（圖 3-33）。

　　位址是由作業系統與編譯器所管理，因此程式設計師並無法指定位置，為變數和陣列預留空間。不過，**宣告後的變數與陣列在記憶體上的哪個位置，其位址可以在程式內部查詢。**

　　位址分為實體位址與邏輯位址，實體位址是 CPU 進行存取時使用的位址，邏輯位址則是程式在記錄、查詢資料時所使用的位址。不過在應用程式的程式設計師看來，位址就等於是邏輯位址。

透過位址操作記憶體——指標

　　在程式中管理位址時也可以建立指標（圖 3-34），指標的使用方式為建立指標型別的變數，並儲存變數與陣列的位址。

　　指標型別的大小固定，不會受變數類型影響。即使是具有許多項目的結構體，或是可以存入大量資料的變數，都能透過指標減少複製大量資料的時間，提升速度。此外，善用指標還有一個好處，就是能簡化程式。

　　然而，指標**也能存取記憶體上錯誤位置的資料**，因此有時會發生安全性問題，或是程式異常終止，必須注意避免不當操作。

　　為了確保安全性，最近有越來越多語言設定讓程式設計師無法直接操作指標，**但指標這個概念是存在的，我們還是必須要瞭解。**

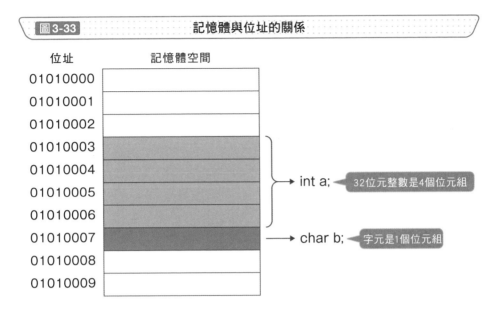

圖 3-33 　　　　　　　　　　記憶體與位址的關係

位址　　　　　記憶體空間

01010000
01010001
01010002
01010003
01010004
01010005　　　　　　　　→ int a;　32位元整數是4個位元組
01010006
01010007　　　　　　　　→ char b;　字元是1個位元組
01010008
01010009

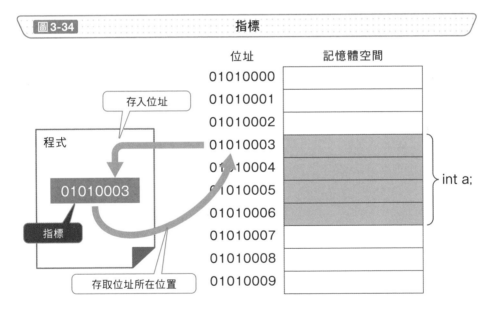

圖 3-34 　　　　　　　　　　　　指標

位址　　　　　記憶體空間

存入位址

程式

01010000
01010001
01010002
01010003
01010004
01010005　　　　　int a;
01010006
01010007
01010008
01010009

01010003

指標

存取位址所在位置

Point

🖉 表示記憶體位置的位址分為實體位址與邏輯位址。

🖉 在程式中使用位址時，可以透過指標存取指標中的位址，並操作變數
　與陣列。

» 瞭解能依序串連資料的結構

從頭循序存取的線性串列

陣列可以藉由指定各元素的位置，存取任意元素，不過中途插入資料時，必須將既有的資料往後移動，刪除中間資料時，也必須將既有資料向前填補。

資料量一多，這項處理就會相當耗時，這時候就可以使用資料結構經過特殊設計的鏈結串列（單向鏈結串列）。鏈結串列除了資料內容之外，還**存有顯示下筆資料位址的值，將資料逐一串起**（圖 3-35）。

在兩筆資料間新增資料時，會將「存在上一筆資料中的（下一筆資料）位址」變更為新增資料的位址，並將「新增資料中的（下一筆資料）位址」替換為原本上一筆資料中的指定位址（圖 3-36）。

這樣一來就算資料再多，也只要將下一筆資料的位址更換即可，比起陣列，處理起來更加迅速。只不過，鏈結串列在存取特定元素時，不像陣列是指定元素的位置，必須從頭逐一尋找。

可以往前與往後的雙向鏈結串列與環狀鏈結串列

單向鏈結串列只存有下一筆資料的位址，因此無法反向存取，不過雙向鏈結串列的結構則同時**存有前一筆資料的位址**（圖 3-37）。

此外，透過在鏈結串列的末端資料存入開頭資料的位址，**可以從資料的最後位置重新回到開頭處搜尋**，這種資料結構就稱為環狀鏈結串列。

圖 3-35 鏈結串列

陣列 | 6 | 3 | 4 | 2 | 7 | 5 | 1

鏈結串列 6 → 3 → 4 → 2 → 7 → 5 → 1

資料

下一筆資料的位址（位置）

下一筆資料

圖 3-36 在鏈結串列中插入／刪除資料

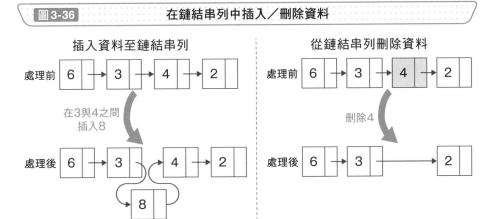

插入資料至鏈結串列

處理前 6 → 3 → 4 → 2

在3與4之間插入8

處理後 6 → 3 → 4 → 2
8

從鏈結串列刪除資料

處理前 6 → 3 → 4 → 2

刪除4

處理後 6 → 3 → 2

圖 3-37 雙向鏈結串列與環狀鏈結串列

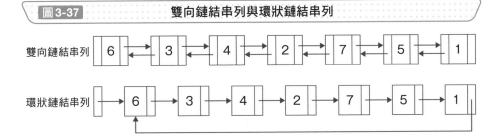

雙向鏈結串列 6 ⇄ 3 ⇄ 4 ⇄ 2 ⇄ 7 ⇄ 5 ⇄ 1

環狀鏈結串列 6 → 3 → 4 → 2 → 7 → 5 → 1

Point

- 儲存下一個元素的位址，可以從頭依序尋找資料的資料結構，就稱為鏈結串列。
- 鏈結串列在插入與刪除時，都比陣列更加迅速，不過要尋找特定位址的元素時則更為耗時。

» 依序處理資料

將堆積的資料依序處理

想到在陣列中存入與取出資料的不便，就會想找其他方法，能在處理時盡可能不移動資料。因此經常會使用一種方式，**是取出或存入資料時，只限定從開頭或是結尾單向操作。**

取出資料時從最後存入的資料開始，這種結構就稱為堆疊（Stack）（圖3-38）。如同字面上的意思，堆疊就像是在箱子中堆疊物品，取出時必須從上方依序取出的方法，由於最後存入的資料會最先取出，因此也稱為「**LIFO**（Last In first Out）」。在 **4-16** 所介紹的「深度優先搜尋」中，經常會使用堆疊這種資料結構。

將堆疊運用於陣列時，會記憶陣列中最後元素的位置。這樣一來要放入新增資料或刪除資料時，就知道位置在哪裡，因此處理上相當迅速。

另外，將資料放入堆疊就稱為 Push，取出就稱為 Pop。

依資料存入順序依序處理

將存入資料依序取出的資料結構就稱為佇列（queue）（圖 3-39）。這個詞彙在英文中有「排隊」的意思，就像打撞球時擊球一樣，新增至這一側的資料，會從另一側被取出。最先放入的資料會最先被取出，因此也稱為「**FIFO**（First In First Out）」。在 **4-16** 所介紹的「廣度優先搜尋」中，經常會使用佇列。

佇列會記憶陣列中開頭的元素與最後元素，新增資料時會接續最後位置繼續登錄，刪除時則從開頭的元素開始取出。

另外，放入資料到佇列稱為 Enqueue，取出資料稱為 Dequeue。

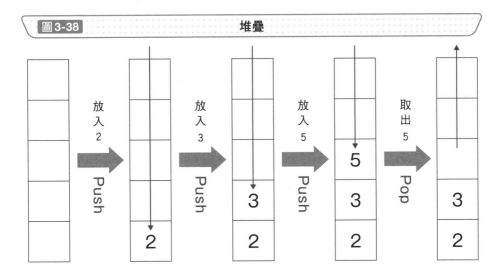

圖 3-38　堆疊

放入 2　Push

放入 3　Push

放入 5　Push

取出 5　Pop

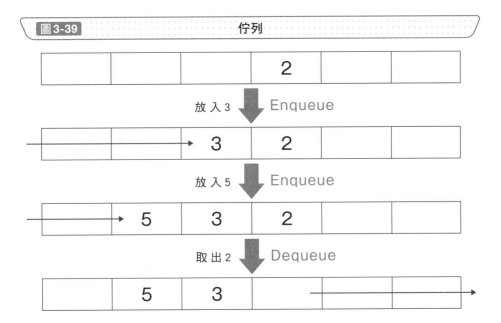

圖 3-39　佇列

放入 3　Enqueue

放入 5　Enqueue

取出 2　Dequeue

Point

🖉 取出時從最後放入的資料開始，這種資料結構就稱為堆疊，在深度優
　先搜尋時經常使用。

🖉 取出時從最先放入的資料開始，這種資料結構就稱為佇列，在廣度優
　先搜尋時經常使用。

» 階層式的資料結構

能呈現為階層結構的樹狀結構

儲存資料時，除了陣列與鏈結串列之外也有其他各種結構。其中有一種是樹狀結構，它就像**資料夾一樣，以倒過來的樹木狀層層往下連結資料。**

樹狀結構就如圖 3-40，是資料間相互連結的資料結構，○的部分是節點（node），連接各節點的路徑是樹枝（edge、邊），頂部的節點稱為根節點（root），最下方的節點則稱為葉節點（leaf）。

此外，樹枝上方的節點為父，下方的節點為子，這樣的關係是相對的，某個節點可以是某一節點的子節點，同時是另一節點的父節點。根並沒有父節點，葉則沒有子節點。

程式中容易處理的二元樹與完全二元樹

樹狀結構分為許多種類，最常使用的有二元樹，**二元樹的節點只會有 2 個分支**，就如圖 3-41 的左側一樣。

二元樹中還有一種資料結構稱為完全二元樹 [4]，這種結構中，所有葉節點都在同一階層，除了葉節點，其他節點都有 2 個子節點。

如圖 3-41 右側，完全二元樹**也能以陣列表示樹狀結構**（將父節點的索引值乘以 2 倍再加上 1，就會是左側子節點的索引值，乘以 2 倍再加上 2，就會是右側子節點索引值。反之，將子節點的索引值減 1 再除以 2，就可以求得父節點的索引值）。

像完全二元樹這樣，配置元素時，讓葉子的深度近乎相等，這種樹狀結構就稱為平衡樹（balanced tree）。

---

[4] 實際上，即使葉節點相差一個階層，但只要節點的位置都偏向樹的左側，這種二元樹有時也被定義為廣義的完全二元樹。

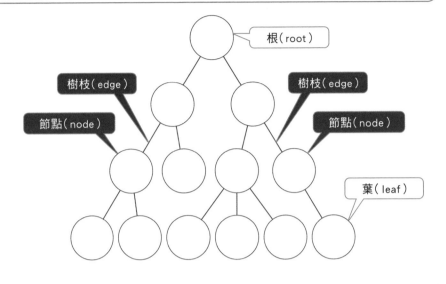

圖 3-40　　樹狀結構

根（root）

樹枝（edge）

樹枝（edge）

節點（node）

節點（node）

葉（leaf）

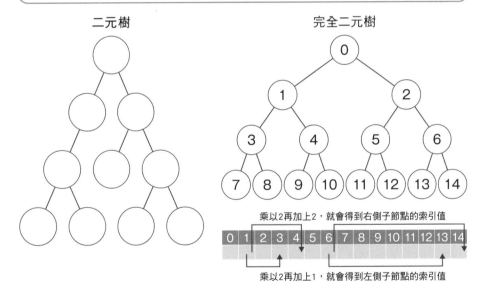

圖 3-41　　二元樹與完全二元樹

二元樹

完全二元樹

乘以2再加上2，就會得到右側子節點的索引值

| 0 | 1 | 2 | 3 | 4 | 5 | 6 | 7 | 8 | 9 | 10 | 11 | 12 | 13 | 14 |

乘以2再加上1，就會得到左側子節點的索引值

Point

✎使用樹狀結構可以呈現階層式的資料。

✎二元樹相當常用，而完全二元樹更能以陣列表示。

小 試 身 手

實際執行程式

如果不實際輸入、操作，就難以理解輸入與執行的方法。此外，從實踐中得知處理大約需要花多少時間，以及發生錯誤時要如何應對也相當重要。

請一定要實際輸入原始碼，看看輸出後的結果如何！

這裡將要介紹如何在 Web 瀏覽器執行 Python 程式，會需要 Google 的帳戶，但不需要特別安裝其他軟體。

❶ 請連上「Google Colaboratory」（https://colab.research.google.com），選擇「新增筆記本」。

❷ 在輸入欄位輸入以下的原始碼。

❸ 按下輸入欄位左側的執行按鈕，執行輸入的原始碼。

```python
for i in range(1, 51):
    if (i % 3 == 0) and (i % 5 == 0):
        print('FizzBuzz')
    elif i % 3 == 0:
        print('Fizz')
    elif i % 5 == 0:
        print('Buzz')
    else:
        print(i)
```

如果發生錯誤，請確認是否有輸入錯誤（縮排的位置不正確、少打了「:」、誤用全形字元等）。另外，縮排可以使用 2 個空白字元、4 個空白字元，以及 tab 鍵等，這幾種方式都沒問題，但格式必須一致。

在開發程式的過程中，發生錯誤以及輸入錯誤都是難以避免的，發生錯誤可以再調整，不必太過擔心。

流程圖與演算法

～理解流程並循序思考～

» 圖解處理流程

為什麼需要流程圖？

程式設計初學者有時閱讀程式碼會相當辛苦，即使是以中文、英文所寫的文章，要逐行閱讀專業領域的內容也很不容易。不過，這種情況下只要有圖，就能更直觀地理解。

以程式為例，一般會使用流程圖來呈現「處理流程」，在 JIS（日本工業標準）所制定的標準規格中，**流程圖除了用於呈現程式的處理流程外，也能用來編寫業務流程。**

程式處理的基本邏輯架構是循序結構（逐一執行處理）、選擇結構（因應指定條件選擇不同的處理），以及重複結構（多次執行相同的處理），這些都可以透過圖 4-1 的符號繪製為圖 4-2 的流程圖。過程中，以既定的符號繪製是很重要的。

什麼時候需要繪製流程圖？

與許多程式設計師交談後會聽到一些意見，例如「不需要繪製流程圖」，或是「畫流程圖也沒什麼好處」。也有人會說「流程圖較常用在程序語言，在物件導向語言與函數式語言中則派不上用場」。而物件導向有時也會使用 UML（Unified Modeling Language：統一塑模語言）。

實際開發程式時幾乎不會繪製流程圖，通常只有顧客要求提供文件，才會在程式製作完成後繪製。

有些人會認為「這樣應該就不需要流程圖了吧？」，但流程圖其實有很大的益處，那就是**「可以跳脫程式語言，讓程式設計師以外的人也能理解」**。寫好程式之後，若使用流程圖向他人說明，那麼聽眾不需具備特殊知識也能理解，如今在向初學者介紹演算法的邏輯時，流程圖依然是個有效的方法。

圖 4-1　流程圖常用記號

意義	符號	說明
開始結束		表示流程圖的開始與結束
處理		表示處理的內容
決策		表示依照條件選擇不同的處理，符號中會寫下條件
重複		表示不斷反覆執行 使用時會分別以開始（上）與結束（下）包夾使用
鍵盤輸入		表示使用者以鍵盤輸入
已定義的處理		表示已定義的處理程序

圖 4-2　具代表性的處理流程

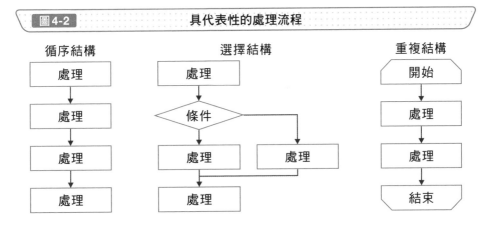

循序結構　　選擇結構　　重複結構

Point

✎ 流程圖用於以圖說明處理的流程。

✎ 程式可以透過循序結構、選擇結構、重複結構的搭配，呈現出多元的樣貌。

✎ 實際上幾乎不會在流程圖繪製完成後才開發程式，不過向人說明概念時，流程圖依然是個有效的方法。

≫ 比較資料的大小

if 條件分支

　　幾乎所有程式語言都是從上方依序執行程式碼的敘述，然而，有時會希望符合某個條件的情況下，可以採用其他處理。例如「只有星期天才希望執行的處理」，或是「只有雨天才希望帶不同物品出門」等各式各樣的條件。

　　要實現這個概念，就必須依據條件給予不同的處理方式，這就是**條件分支**。許多語言在執行條件分支時，會在 **if** 後方指定條件，並在下方寫下滿足條件時才希望執行的處理（圖 4-3）。

　　如果有條件不符時才希望執行的處理，就寫於 else 的下方，這樣一來就能從兩者擇一執行（圖 4-4）。

　　以 Python 為例，條件與處理可以編寫如下。

```
If條件：
    希望於滿足條件時執行的處理
else：
    希望條件不符時執行的處理
```

能同時寫下兩個條件的三元運算子

　　如果只是要在「條件符合與條件不符時分別於變數代入不同值，或改變輸出內容」，就可以使用**三元運算子**，以一行敘述完成編寫（圖 4-5）。

　　以 Python 為例，條件與代入值的寫法如下。

```
變數 = 滿足條件時的值 if 條件 else 條件不符時的值
```

　　而其他的許多語言，如 C 語言，其條件與代入值的寫法如下。

```
變數 = 條件 ? 滿足條件時的值 : 條件不符時的值
```

| 圖 4-3 | 條件分支範例（if）

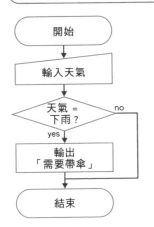

```
>│  rain1.py

x = input()

if x == '雨':
    print('需要帶傘')
```

開始

輸入天氣

天氣 =
下雨？ — no

yes

輸出
「需要帶傘」

結束

| 圖 4-4 | 條件分支範例（if~else）

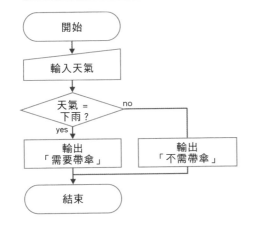

```
>│  rain2.py

x = input()

if x == '雨':
    print('需要帶傘')
else:
    print('不需帶傘')
```

開始

輸入天氣

天氣 =
下雨？ — no

yes

輸出
「需要帶傘」

輸出
「不需帶傘」

結束

| 4-5 | 三元運算子的範例

```
>│  rain3.py

x = input()
print('需要帶傘' if x == '下雨' else '不需帶傘')
```

Point

✎依據條件改變處理方式時，要使用 if、else 條件分支。

✎有時會使用三元運算子，將條件分支編寫為一行敘述。

» 重複執行相同處理

只執行指定次數

希望重複執行相同處理時,可以使用迴圈。如果只要執行指定的次數,以 Python 為例,可如下述一樣使用 for,並於 range 中指定重複執行的次數。

```
for  變數 in range(重複次數):
    希望重複執行的處理
```

這樣一來就只會重複指定的次數,在處理的過程中,變數的值會從 0 依序增加。例如指定重複「4」次,變數中就會依序存入 0、1、2、3(圖 4-6 的 loop1.py)。

如果不從 0 開始,而是希望以指定的數字依序處理,可以在 range 中指定下限與上限。

```
for  變數 in range(下限、上限):
    希望重複執行的處理
```

這裡必須注意,變數包含下限數值,卻不包含上限數值。舉例來說,如果指定「range(3, 7)」,變數中就會依序存入 3、4、5、6 這幾個值(圖 4-6 的 loop2.py)。

改變迴圈的變數,就可以進行二重、三重迴圈,而變數值也會各自依序改變(圖 4-6 的 loop3.py)。

只有滿足條件時才執行

如果還沒決定重複的次數與串列,也可以指定條件符合時才重複執行(圖 4-7)。以 Python 來說,在 while 後方指定條件,條件符合時就能重複執行下方區塊中的處理程序。

```
While條件:
    只有滿足條件時才希望執行的處理
```

圖 4-6 .... 重複指定次數與串列的重複處理範例

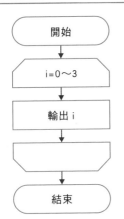

```
>|  loop1.py

for i in range(4):
    print(i)
```

```
>|  執行結果

C:\>python loop1.py
0
1
2
3
```

```
>|  loop2.py

for i in range(3, 7):
    print(i)
```

```
>|  執行結果

C:\>python loop2.py
3
4
5
6
```

```
>|  loop3.py

for i in range(3):
    for j in range(3):
        print([i, j])
```

```
>|  執行結果

C:\>python loop3.py
[0, 0]
[0, 1]
…（中間省略）
[2, 2]
```

圖 4-7 .... 指定條件的重複處理

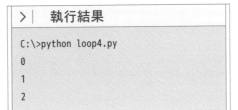

```
>|  loop4.py

i = 0
while i < 3:
    print(i)
    i += 1
```

```
>|  執行結果

C:\>python loop4.py
0
1
2
```

Point

🖉 指定重複次數並依序對串列執行處理時，可以使用 for。

🖉 只有滿足條件才執行重複處理時，可以使用 while。

» 合併執行一連串的處理

函式與程序

需要多次執行相同處理時，可以重複執行一段程式碼，也可以統一合併為一個處理程序，合併之後，就稱為**函式**、**程序**，以及副程式（subroutine）等（圖 4-8）。

定義為函式後，只要呼叫函式就能執行處理，也可以變更參數（parameters）後再執行。此外，**需要修改處理內容時，也只要修改處理的函式內容即可。**

雖然會因程式語言而異，不過函式與程序有時可以區分如下，傳入值後執行一連串處理，並「傳回結果」的就是函式，「不傳回結果」的則為程序。

引數與傳回值

傳入函式與程序的參數又稱**引數**，引數有「真」、「假」之分，假引數**用於宣告函式**，真引數是**呼叫函式時傳入函式的引數。**

以圖 4-9 的函式為例，width 和 height 是假引數，3 與 4、2 與 5、4 與 7 則是真引數。

相反的，從函式傳回呼叫端的值就稱為**傳回值**，不過，如果只是要透過函式將內容輸出至畫面，或只是希望將處理程序合而為一時，也可以建立沒有傳回值的函式（程序）與沒有引數的函式。

使用 Python 定義函式時寫法如下。

```
def  函式名稱(引數):
     執行的處理
     ...
     執行的處理
     return傳回值
```

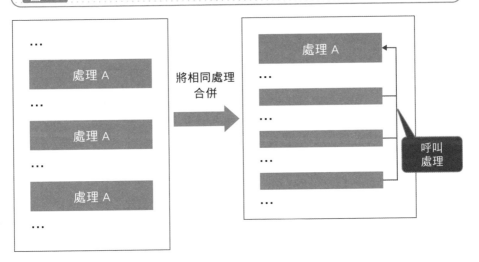

圖 4-8 　　　　　統一處理

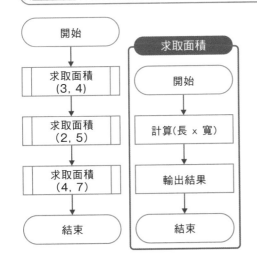

圖 4-9 　　　　　函式範例

```
>   area.py

def area(width, height):
    s = width * height
    print(s)

area(3, 4)
area(2, 5)
area(4, 7)
```

```
>   執行結果

C:\>python area.py
12
10
28
```

Point

🖉 定義函式與程序後，只要呼叫，就能變更參數，重複執行相同處理。

🖉 傳入函式與程序的參數稱為引數，反之，將值從函式傳回呼叫端則稱為傳回值。

≫ 將參數傳入函式

不會影響呼叫端的傳值

呼叫函式時，除了真引數之外，也要保留假引數的變數所需空間，該空間並非固定位置，只有在呼叫函式時才會保留，函式執行結束就會釋放空間。

複製真引數的值傳入函式的假引數，稱為傳值呼叫（call by value），不過畢竟只是「複製」，**因此即便更改函式中假引數的值，也不會影響到呼叫端中真引數的值**（圖 4-10）。

呼叫端的值也會變更——傳參考

將真引數在記憶體上的位置（位址）傳給函式的假引數，就稱為傳參考呼叫（call by reference），其機制與指標相同，透過傳遞記憶體上保留空間的位址，可以讀寫位址中的變數內容。

若使用傳參考呼叫，變更函式中假引數的值，就會改寫假引數指向位置的值，也就是說，**改變函式中的值，呼叫端真引數的值也會跟著改變**。

Python 如何傳遞值？

有些程式語言，如 C 語言，是由開發者透過原始碼指定要傳值還是傳參考，而 Python 則基本上都是使用傳參考。這種情況下，引數的資料型別會讓處理結果稍有差異（圖 4-11）。

舉例來說，如果引數的資料型別是數值與字串，建立之後值就無法改變，這就是不可變的資料型態。若引數屬於不可變的資料型別，**即便使用傳參考，運作方式也會如傳值一樣**。

另一方面，如果引數的資料型別為串列與字典，那麼建立之後值就可以變更，這就是可變的資料型態，運作方式如同傳參考一樣。

因此，使用 Python 時必須注意引數的資料型別。

圖 4-10　傳值與傳參考的差異

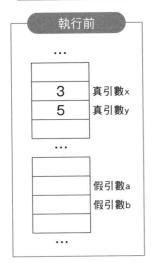

執行前

3　真引數x
5　真引數y

假引數a
假引數b

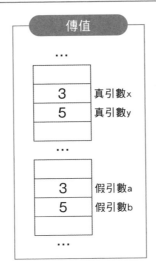

傳值

3　真引數x
5　真引數y

3　假引數a
5　假引數b

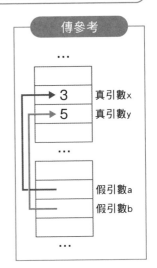

傳參考

3　真引數x
5　真引數y

假引數a
假引數b

圖 4-11　**Python** 中處理結果的差異

不可變更的資料型態	可變更的資料型態
> | **add1.py**	> | **add2.py**

不可變更的資料型態

```
def add(a):
    a += 1
    print(a)

x = 3
add(x)
print(x)
```

> │ 執行結果

```
C:\>python add1.py
4
3
```

可變更的資料型態

```
def add(a):
    a[0] += 1
    print(a[0])

x = [3]
add(x)
print(x[0])
```

> │ 執行結果

```
C:\>python add2.py
4
4
```

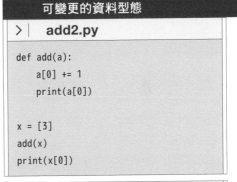

Point

✐使用傳值時，即使變更函式中假引數的值，真引數的值也不會改變，
但使用傳參照時，一旦變更假引數的值，真引數的值就會跟著改變。

≫ 決定變數的作用範圍

防止變數被覆蓋的變數範圍

在程式碼中的任一處都可以讀取、寫入變數，這樣雖然相當方便，卻可能造成困擾，例如在大型的程式中使用同名變數，可能導致其他地方的內容被覆蓋。如果是一個人進行開發，小心一點就能避免這種情況，但若是大規模的專案，有多名開發人員參與，就必須仔細確認所有的原始碼，這會是一大工程。

這時候可以指定變數範圍（Scope）（圖 4-12），變數範圍會因程式語言而異，不過多數語言都具有下述兩種範圍。

從任何地方都能存取的全域變數

從程式碼的任何地方都能存取，這就是全域變數，若使用全域變數，函式在傳遞資料時，**不需要使用引數與回傳值**。

這個機制雖然方便，卻可能產生風險，錯誤存取其他已定義的變數，也就是說，可能會不小心改寫其他變數的內容，造成意料外的程式錯誤。

僅能從部分區域存取的區域變數

只能從部分區域存取的變數稱為區域變數，若使用區域變數，**即使變數名稱與其他函式所使用的相同，也不會產生影響**。也因此，**盡量限縮變數的作用範圍相當重要**，可以的話就不要使用全域變數，盡量使用區域變數吧（圖 4-13）。

另外，在 Python 的函式內使用與全域變數相同名稱的變數時，就會轉變為區域變數，因此使用時必須事先定義。

圖 4-12　　　　　　　　　　　　　　　變數範圍

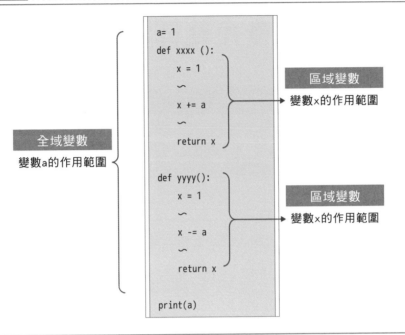

```
a = 1
def xxxx ():
    x = 1
    ～
    x += a
    ～
    return x

def yyyy():
    x = 1
    ～
    x -= a
    ～
    return x

print(a)
```

全域變數
變數a的作用範圍

區域變數
變數x的作用範圍

區域變數
變數x的作用範圍

圖 4-13　　　　　　　　變數範圍的差異導致執行結果不同

> | **scope1.py**

```
x = 10
def reset():
    x = 30
    a = 20
    print(x)   # 輸出 30
    print(a)   # 輸出 20

reset()
print(x)   # 輸出 10
print(a)   # 錯誤
```

> | **scope2.py**

```
x = 10
def reset():
    global x
    x = 30
    print(x)   # 輸出 30

reset()
print(x)   # 輸出 30
```

Point

🖉許多語言都有全域變數與區域變數，以定義變數的作用範圍。

🖉如使用全域變數，可能會不小心改寫其他變數的內容，盡可能使用區
　域變數進行處理會較為理想。

» 變更參數以重複執行相同處理

在函式中呼叫函式的遞迴

從函式呼叫自己的相同函式,這種寫法就稱為遞迴,圖 4-14 中以攝影機拍攝電視,就是生活中可見的遞迴範例。將攝影機拍攝內容顯示於電視上,畫面中將會無限重複顯示電視畫面。

如果只是單純執行呼叫動作,處理將會無限執行,因此必須**指定結束條件**。從函式中呼叫時必須注意一點,就是要使用比原本引數更小的數值。也就是說,要將大處理分割為小處理來思考。

遞迴的常見範例有費氏數列,費氏數列透過將前兩個數字相加,來形成數列,例如像是「1, 1, 2, 3, 5, 8, 13, 21, 34, 55, ……」這樣無限延續。

也就是說,就像 1 + 1 = 2、1 + 2 = 3、2 + 3 = 5、3 + 5 = 8、5 + 8 = 13、8 + 13 = 21 這樣,只要決定最開始的兩個值,就能依序求得後方的數列。要求取數列中的第 n 項時,只要將在 n 之前的兩項相加即可,透過圖 4-15 的程式就能做到。

從這個函式可以看出 fibonacci 函式中又呼叫了 fibonacci 函式,這就是遞迴。

使用迴圈得到與遞迴相同的結果

由於遞迴會無限次數呼叫相同的函式,因此可能會**發生呼叫的階層過深與堆疊溢位(參考 6-19)**等問題,這時候可以使用其他方法取代遞迴。

我們可以將遞迴改為一般的迴圈。例如上述的費氏數列可以像圖 4-16 一樣變更為迴圈。這個方式會從前面開始依序處理串列元素,若能處理到最後,就會輸出串列最後的元素。

也可以變更為不耗用堆疊的**尾遞迴**方式。

圖 4-14　　　　　　　　　　　　遞迴的概念

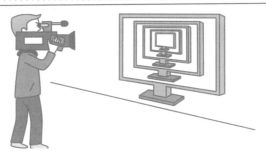

圖 4-15　　　　　　　　　求取費氏數列的程式（遞迴）

```
>  fibonacci_recursive.py

def fibonacci(n):
    if (n == 0) or (n == 1):
        return 1
    return fibonacci(n - 1) + fibonacci(n - 2)


n = 10
print(fibonacci(n))
```

圖 4-16　　　　　　　　　求取費氏數列的程式（迴圈）

```
>  fibonacci_loop.py

n = 11
fibonacci = [0] * n
fibonacci[0] = 1
fibonacci[1] = 1
for i in range(2, n):
    fibonacci[i] = fibonacci[i - 1] + fibonacci[i - 2]

print(fibonacci[-1])
```

Point

🖊 從函式中呼叫自己，就叫做遞迴，遞迴可以簡化原始碼，但必須注意堆疊溢位的情況。

🖊 將遞迴轉換為迴圈，有時能避免呼叫的階層過深。

》 處理預期外的狀況

避免發生預期外狀況的例外處理

有語法錯誤時，程式當然無法正確運作，而有時收到預期外的資料也會因此無法處理，這種設計的當下並未預期，卻在執行時發生的問題就稱為**例外**（圖4-17）。

例外有很多種模式，例如「接收到預期外的輸入內容」、「硬體發生故障」、「指定的資料夾與資料庫不存在」、「執行了無法處理的計算內容」等。

發生例外**可能導致系統中止，或是遺失處理中的資料**，因此要避免例外的發生，或是將發生時的影響降低到最小。

有些程式語言在函式接收到預期外的呼叫端輸入內容時，**並不會將處理結果傳回給呼叫端，而是會啟動例外處理的機制**。例外發生時，由呼叫端處理該例外，這樣的設計讓問題發生時也能順利完成處理，這就是**例外處理**（圖4-18）。

如果是不支援例外處理的程式語言，會因應函式的傳回值進行不同的處理，只不過還是有些難以解決的課題，像是發生問題時是否能繼續處理，以及傳回值的檢查是否太過複雜等，因此最近的語言大部分都支援例外處理。

初學者容易忽略的除零錯誤

將整數除以 0 的這種例外就稱為**除零錯誤**，這是初級程式設計師容易忽略的例外，只要分母不是 0 就可以順利處理，不過只要分母有可能會是 0，就必須調整設計，避免使用除法處理。

圖 4-17　　　　　　　　　　　　　　例外的範例

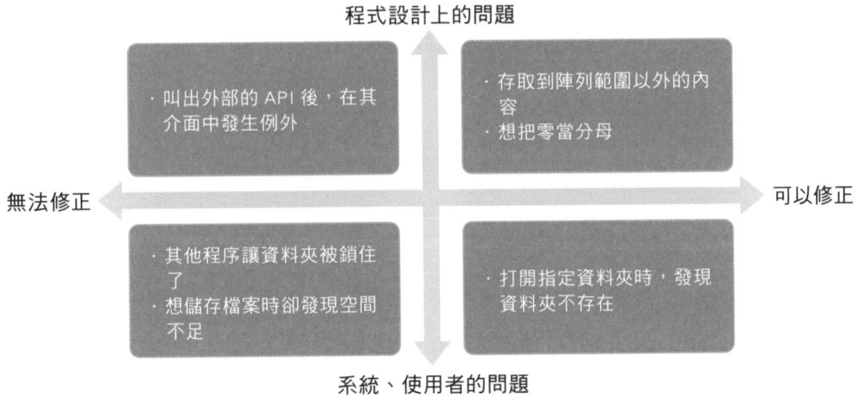

程式設計上的問題

・叫出外部的 API 後，在其 　　　　・存取到陣列範圍以外的內
　介面中發生例外 　　　　　　　　　容
　　　　　　　　　　　　　　　　　・想把零當分母

無法修正 ←　　　　　　　　　　　　　　　　　　　　→ 可以修正

・其他程序讓資料夾被鎖住 　　　　　
　了 　　　　　　　　　　　　　　・打開指定資料夾時，發現
・想儲存檔案時卻發現空間 　　　　　資料夾不存在
　不足

系統、使用者的問題

圖 4-18　　　　　　　　　　**Python** 的例外處理

> | **zero_div.py**

```
x = int(input('x = '))
y = int(input('y = '))

try:
    print(x // y)                ←可能發生例外時的處理
except ZeroDivisionError:
    print('無法除以零')           ←例外發生時所執行的處理

print('此處務必執行')
```

> | **執行結果 1**

```
C:\>python zero_div.py
x = 6
y = 2    ←指定 y 為 0 以外的數字
3
此處務必執行
```

> | **執行結果 2**

```
C:\>python zero_div.py
x = 6
y = 0    ←指定 y 為 0
無法除以 0
此處務必執行
```

Point

🖉 收到預期外的輸入內容所發生的問題就稱為例外。

🖉 為了避免發生例外時程式異常終止，會需要建立例外處理的機制。

» 進行重複的處理

陣列等重複處理

依序處理陣列的元素時，一般會使用 for 迴圈。這時候有多少元素，就執行多少次迴圈，只要變更元素的索引（位置），就可以存取各個元素。

然而，這時候程式設計師真正的用意並不是變更索引，而是想要依序存取陣列的元素，例如鏈結串列等資料結構，會需要逐一存取元素，不過目的並不是要計算元素數量以找到需要的元素，真正的重點在於「存取元素」。

像這樣著眼於事情的本質，將存取元素這件事情抽象化的方法，就稱為迭代器（圖 4-19）。若使用迭代器，只要是能從頭依序存取元素的資料結構，**都能以相同的方式書寫原始碼**。

若是 Python，則可以指定串列作為 for 的重複條件，並依序存取包含於串列中的元素（圖 4-20）。此外，也可以列舉串列內容，若將串列內容代入變數，則能夠指定變數名稱。

```
for  變數 in 串列:
    希望重複的處理
```

在彙總函式中使用

若使用迭代器，那麼無論是串列、鏈結串列，又或是單一的類別（class），只要是能依序存取的資料結構，透過迭代器**作為引數傳遞，就能以相同的方式編寫**。不只是迴圈，即使是求取合計值與最大值的函式，只要能依序取出數值資料，就能如此使用。

例如 Python 中求取合計值的 sum 函式與求取最大值的 max 函式，都能將迭代器作為引數使用，因此對於單一類別（class）也可以進行處理。

圖 4-19 迭代器示意圖

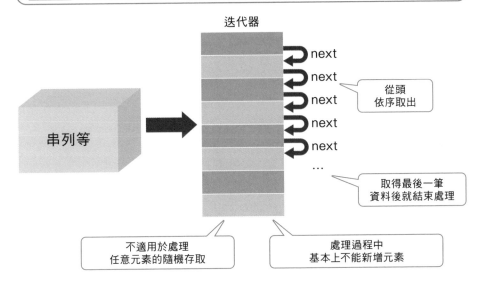

圖 4-20 迭代器的重複處理

列舉串列內容時
>| **loop_list1.py**

```
for i in [4, 1, 5, 3]:
    print(i)
```

>| 執行結果

```
C:\>python loop_list1.py
4
1
5
3
```

將串列內容代入變數並指定變數時
>| **loop_list2.py**

```
a = [4, 1, 5, 3]
for i in a:
    print(i)
```

>| 執行結果

```
C:\>python loop_list2.py
4
1
5
3
```

Point

> ✐若使用迭代器，則無論資料結構為何，只要是從串列前端依序存取的
> 處理都能以相同的方式開發。
> ✐Python 的 sum 與 max 等彙總函式能將迭代器作為引數使用。

第 **4** 章

進行重複的處理

≫ 釋放不必要的記憶體

靜態配置記憶體

　　如圖 4-21，思考看看一個例子，那就是使用函式的引數在區塊前端確定好變數範圍，並代入符合變數型別的值。這種情況下，將既定的記憶體空間配置給變數，就稱為靜態配置。如果以靜態方式保留空間給區域變數，在函式的變數作用範圍結束時，除了變數所保留的值之外，原本保留的空間也會一併釋放出來。

　　這時候**原本保留給該變數的空間就能夠讓其他變數使用**，開發人員不需要為釋放記憶體編寫敘述，這樣一來，也不需要考慮到釋放空間這件事。

釋放動態配置記憶體

　　另一方面，若是像圖 4-22 一樣，陣列在執行時元素數量會改變，就必須保留執行時所需要的空間，這就稱為動態配置。開發時所宣告的只有開頭位址的空間，這個空間會被釋放，不過該位址所指向的內容則不會被釋放。

　　這樣一來**沒有被釋放的空間將無法再使用**，隨著動態配置的處理增加，最後會導致電腦記憶體空間不足的情況，因此動態配置的空間需要由程式設計師編寫釋放空間的處理。然而，忘記編寫釋放處理的情況很常發生，這就稱為記憶體漏失。

　　為了避免這種情況，最近的程式語言具備一種功能，即使開發人員沒有編寫釋放記憶體的處理，不需要的記憶體也會自動被釋放，這就稱為垃圾回收機制。

　　其執行方式會依語言與處理器而異，不過它指的就是**找出程式中沒有任何指標指向的記憶體空間，並強制釋放的處理**。

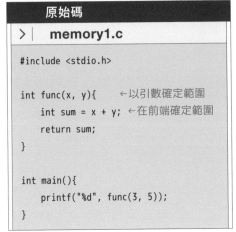

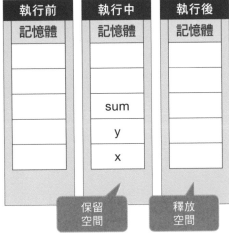

圖 4-21　　　　　　　　　　靜態記憶體配置

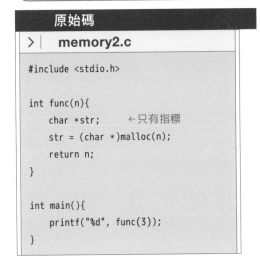

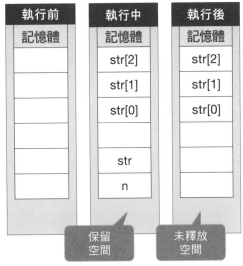

圖 4-22　　　　　　　　　　動態記憶體配置

第 4 章　釋放不必要的記憶體

Point

✎ 在函式的前端靜態配置的記憶體空間，在函式使用結束時會自動釋放。

✎ 動態配置所保留的記憶體空間不會自動釋放，必須要手動釋放，而最近的程式語言有時會使用垃圾回收的機制自動釋放。

≫ 學習排序的基礎

重新排列資料

我們生活中有許多以筆畫排列的資料，像是通訊錄、電話簿、字典等，在電腦中查詢檔案時，也時常會依照檔名與資料夾名稱排列。

除了物品名稱之外，工作中的金額、日期，以及生活中的撲克牌數字等，我們會以各種基準排列資料，這就是排序。

本節，將以一組儲存在陣列中的數字為例，說明如何將這些數字按升幂（由小到大）進行排序。

搜尋最小值並移動到前端的選擇排序

反覆選取陣列中最小的元素並與前方元素交換，這種排序方法稱為選擇排序（圖 4-23）。

一開始要找出整個陣列中的最小值，將該值與前端的值交換，接著再從陣列第二個元素往後尋找最小值，並且與陣列的第二個元素交換位置。將這個過程重複，一直到陣列的最後一個元素，排序即完成。

逐步擴大排序範圍的插入排序

在部分陣列已排序完成，且不改變該部分順序下，**從前端尋找可插入的位置，並於適切的位置加入資料**，這就叫做插入排序（圖 4-24）。這種方法是在陣列前端放入排序完成的資料，並將剩餘的元素插入後方的適當位置。

排序完成的部分並不會再有位置交換的情況，因此新增元素時只要執行插入排序，就能非常迅速地處理完成。

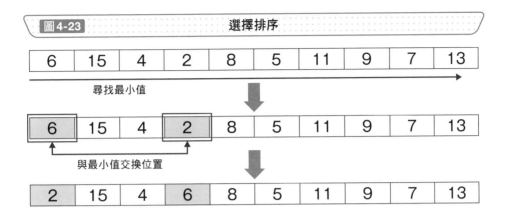

圖 4-23　選擇排序

尋找最小值

與最小值交換位置

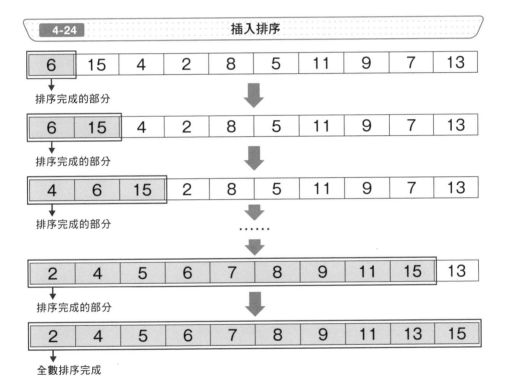

4-24　插入排序

排序完成的部分

排序完成的部分

排序完成的部分

……

排序完成的部分

全數排序完成

Point

✐ 重新排列資料就稱為排序，容易執行的方法有選擇排序與插入排序。

✐ 插入排序對於已排序完成的陣列可以迅速完成操作。

》容易執行的排序方法

反覆與相鄰數值交換的氣泡排序

比較陣列中相鄰的資料，如有大小之別則進行交換，如此反覆操作並排序的方法就稱為氣泡排序（圖 4-25），會如此命名，是因為縱向排列資料並執行排序時，資料移動的樣子就像是水中氣泡一個個浮現一般，由於過程中反覆進行交換，因此也稱為交換排序。

從頭到尾將元素交換一輪，第 1 回合的交換就結束了，第 2 回合除了最右邊的元素之外，要再重複執行相同的動作。反覆執行之下，就能將所有元素排序完成。

輸入的資料若是事前已經排序，就不會發生交換的情況，不過還是需要比較相鄰數值的大小，**因此無論輸入資料是否已經排序，都需要花費差不多的時間**。因此比起其他排序方法，氣泡排序的處理效率較低。

正因如此，氣泡排序在實務上少有運用，不過由於容易執行，在介紹排序的時候經常被提及。此外，也可以透過一些方式，像是沒有發生交換時就停止處理，來稍微改善處理的效率。

可以雙向執行氣泡排序的篩動排序

氣泡排序只能單方向進行交換，而**可以正反向，也就是雙向交互執行交換的方法**，就稱為篩動排序（圖 4-26）。執行篩動排序時，首先會正向進行交換，將最大值移動到尾端，之後再反向進行交換，將最小值移到前端。

因此，氣泡排序只能從後端逐漸縮小排序範圍，篩動排序則是除了後端之外，也能從前端限縮排序範圍。若沒有執行交換，就代表該部分已經排序完成，因此若是已排序完成的資料，就能縮小需要排序的範圍，**比起氣泡排序，能夠更迅速完成處理**。

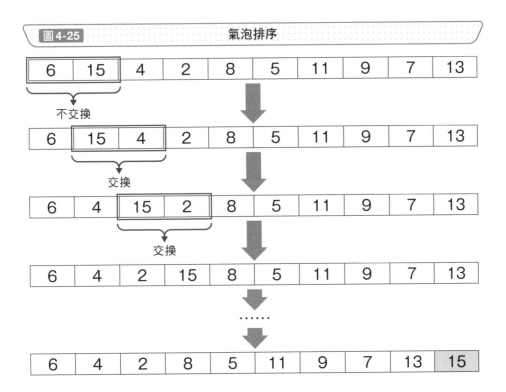

圖 4-25　氣泡排序

不交換

交換

交換

……

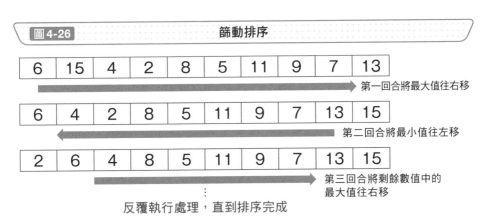

圖 4-26　篩動排序

第一回合將最大值往右移

第二回合將最小值往左移

第三回合將剩餘數值中的
最大值往右移

反覆執行處理，直到排序完成

Point

∥反覆交換相鄰資料，以進行排序，這種方法就稱為氣泡排序，雖然處
理費時，但由於容易執行，因此經常會介紹這種方法。

∥篩動排序改善了氣泡排序的缺點，一般認為篩動排序這種演算法可藉
由縮小比較範圍，稍微提升處理速度。

» 讓排序更快速

可以高速處理任何資料的合併排序

將要排序的資料從**切割為分散狀態，反覆整合，並重新排序**，這種方法就稱為**合併排序**。合併排序的特徵是整合資料時，會先在範圍內將數值從小到大依序排列，並逐漸整合、擴大排序範圍，直到所有資料合併為一個整體時，就代表已經排序完成（圖 4-27）。

如果排序對象是陣列，由於所有資料都分別被儲存於不同位置，因此不需要進行切割處理，只要反覆在合併時進行排序就可以完成操作。

整合兩筆資料時，只要分別從資料前端依序處理就可以完成，因此合併排序有一個特色，除了陣列之外，磁帶裝置 ※1 等也可以透過相同方式進行排序。此外，合併排序對於**任何資料都能穩定且高速地執行處理**。

只是，儲存合併的結果時會需要儲存空間，因此會消耗相應的記憶體容量。

需要選擇基準值的快速排序

在存有資料的陣列中**挑選一個基準值，藉由基準值將元素區分為較小的與較大的元素，重複這個步驟並進行排序**，就稱為**快速排序**。使用這個方式，要將數值切割、排序，一直到無法再切割為止，才能將整體排序完成（圖 4-28）。

切割時，基準元素的選擇相當重要，如果選得好，可以相當迅速地完成處理。另一方面，排序時如果選擇最小與最大的元素為基準，那麼就只能得到與選擇排序相同的處理速度。

基準元素可以選擇開頭與結尾的元素，或是選擇 3 個左右取其平均，一般認為這個方法比起其他排序方法能夠更迅速地完成處理。

※1 磁帶裝置：像錄音帶一樣，將資料記錄於磁帶中的裝置。雖然無法隨機存取，但從頭依序存取時可以迅速執行處理。

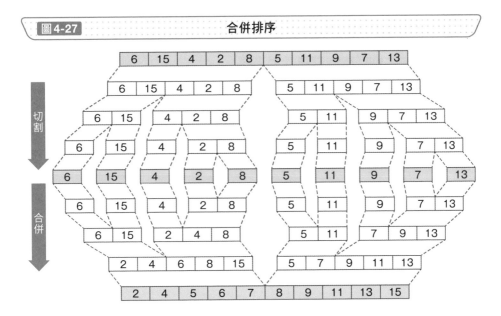

圖 4-27　　　　　　　　　　　　合併排序

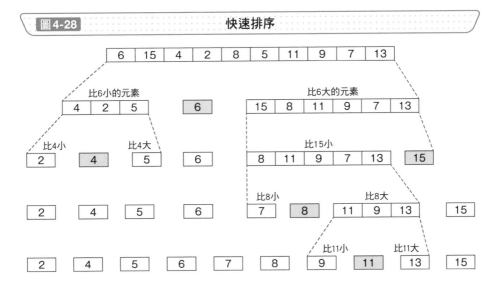

圖 4-28　　　　　　　　　　　　快速排序

Point

✎ 使用合併排序與快速排序，雖然開發上較為複雜，但是能迅速完成
　處理。

✎ 使用快速排序時，基準元素的選擇可能會大幅影響處理的效率。

» 估算處理所需時間

任何環境中都能評估性能的時間複雜度

評估演算法的好壞時，處理速度會是一個容易理解的指標。想知道處理速度時，就會馬上想到一個方法，那就是實際執行程式並量測處理所需時間。然而，若是不執行就無法得知處理時間，這意味著設計階段將無法選擇適當的演算法。

此外，除了搭載的 CPU 種類與頻率、OS 的種類與版本等執行環境上的差異之外，使用的程式語言也會影響處理時間的長短。

因此，有一種不受環境與語言影響的評估方法，能夠作為評估演算法性能的指標，那就是時間複雜度。這種方法很常使用，為了查詢處理所需時間，會比較輸入的資料量增加時，**指令執行次數的增加情況**（圖 4-29）。

輸入的資料不同，可能會使執行次數大幅改變，因此要以最花時間的資料來評估時間複雜度，這就是最壞情況的時間複雜度。

計算複雜度的表示法——大 O 符號

將執行次數表示為算式，如 $3n^2 + 2n + 1$，並省略對整體影響不大的項 $(2n+1)$ 與係數 (3)，以**記錄資料量增加時，執行次數的約略變化**，這就是常用的大 O 符號。大 O 符號所使用的符號是「O」，可以寫為 $O(n)$、$O(n^2)$、$O(\log n)$ 等（圖 4-30）。

若使用大 O 符號，面對 $O(n)$ 與 $O(n^2)$ 這兩個演算法時，就能立即判斷 $O(n)$ 的執行次數較少（處理時間較短）。此外，若輸入資料量 n 不同，也比較能掌握運算時間的變化。

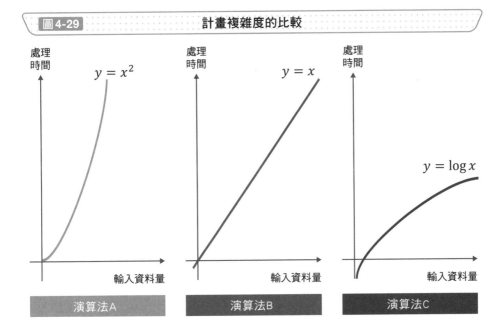

圖4-29 計畫複雜度的比較

演算法A — $y = x^2$（處理時間／輸入資料量）

演算法B — $y = x$（處理時間／輸入資料量）

演算法C — $y = \log x$（處理時間／輸入資料量）

圖4-30 時間複雜度的比較

處理時間	時間複雜度	範例
短	$O(1)$	存取陣列
	$O(\log n)$	二元搜索
	$O(n)$	線性搜尋
	$O(n \log n)$	合併排序
	$O(n^2)$	選擇排序、插入排序
	$O(2^n)$	背包問題
長	$O(n!)$	旅行推銷員問題

Point

✎評估演算法的效能時，經常使用時間複雜度作為評價指標，一般來說會使用最壞情況的時間複雜度。

✎表示時間複雜度時，會使用大 O 符號，對於整體的時間複雜度沒有太大影響的項與係數在表示時則會省略。

129

» 從陣列與串列搜尋想要的值

從頭依序尋找的線性搜尋

　　要從儲存於陣列的資料找出特定元素時，如果從陣列的前端搜尋到末端，一定可以找到想要的資料。即使資料並不存在於陣列中，查詢後也能得知該資料「並不存在」。

　　這種**從頭依序搜尋的方法**，就稱為**線性搜尋**（圖 4-31、圖 4-32）。其演算法的構造相當簡單，執行也很容易，在資料數量少的時候會是一個有效的方法。

往基準資料的前後搜尋──二元搜尋

　　若使用線性搜尋，在資料量增加時會需要花上許多時間，因此我們可以使用一種方法，就像是查字典或電話簿時先打開其中一頁，再判斷要往前或往後翻一樣，**這種判斷目標資料在基準資料前或後的方法**，就稱為二元搜尋（圖 4-33）。

　　只要比較一次，查詢的範圍就能縮小一半，因此即便陣列中的資料量增加一倍，也只需要多比較一次而已。例如有 1,000 筆資料，第一次比較就能將查詢資料降低到 500 筆，第二次則降至 250 筆，反覆執行後，第十次將會降低到 1 筆。而即使最開始有 2,000 筆資料，也只要比較十一次，就能找到想要的資料。

　　若使用線性搜尋，1,000 筆資料就要比較 1,000 次，2,000 筆資料則要 2,000 次，由此可以得知線性搜尋與二元搜尋之間的顯著差距，資料數量越多，差距則會越大。

　　此外，使用二元搜尋時資料必須按照五十音等規則循序排列。而資料筆數太少時，與線性搜尋的處理速度並沒有太大落差，因此也經常會使用線性搜尋。

　　也因此，在選擇搜尋方法時，也必須考量**處理的資料量與資料更新頻率**。

圖 4-31 線性搜尋

| 50 | 30 | 90 | 10 | 20 | 70 | 60 | 40 | 80 |

圖 4-32 線性搜尋範例

```
>|  linear_search.py
```

```python
def linear_search(data, value):
    # 從頭依序使用迴圈搜尋
    for i in range(len(data)):
        if data[i] == value:
            # 若找到想要的值，即返回位置
            return i

    # 若找不到想要的值，即返回 -1
    return -1

data = [50, 30, 90, 10, 20, 70, 60, 40, 80]
print(linear_search(data, 40))
```

圖 4-33 二元搜尋

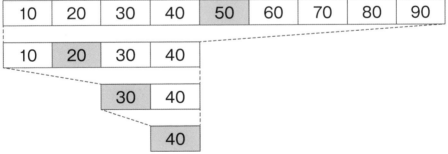

| 10 | 20 | 30 | 40 | 50 | 60 | 70 | 80 | 90 |

| 10 | 20 | 30 | 40 |

| 30 | 40 |

| 40 |

Point

✏ 資料量較少時，使用線性搜尋可以簡單地執行。

✏ 資料較多時，在資料經過排序後，使用二元搜尋可以迅速找到資料。

》 依序搜尋樹狀結構

以階層方式儲存資料的樹狀結構

查詢資料時，對象並不只有儲存資料的陣列，就像是查詢電腦資料夾所儲存的檔案一樣，有時候我們所查詢的資料會儲存在階層結構中。

在 **3-17** 也曾說明過，資料結構如果是像資料夾一樣的階層結構，一般來說會稱之為樹狀結構。會如此命名，是因為這種結構看起來像倒置的樹木延伸出樹枝一樣。

深度優先搜尋與廣度優先搜尋

搜尋樹狀結構的資料時，從**搜尋的起始位置附近開始，列出搜尋對象，再進一步仔細查詢**，這種方法就是廣度優先搜尋。閱讀時先瀏覽目次，掌握整體的大綱後，再進一步閱讀各章節的概要，之後才細讀書本內容，廣度優先搜尋就是這種逐步深入探索的概念。

至於搜尋樹狀結構時，只從單一方向進行，一直到無法進行為止才回頭重新搜尋，這種方式稱為深度優先搜尋（回溯，backtracking）（圖 4-34）。對於探索黑白棋、將棋、圍棋等對戰式遊戲策略時，是一種必要的方法，經常運用在**探索各種走法**的情境。

使用廣度優先搜尋時，若是**找到與需求條件一致的值即結束處理**，就能迅速操作完成。不過，**如果要找出所有解答**，那麼使用深度優先搜尋，只要保存現在搜尋的位置就能進行處理，相較於廣度優先搜尋，可以使用較少的記憶體空間。

模擬對戰式遊戲的策略時，為了縮小搜尋範圍，也可以只留下或優先搜尋分數較高的值，這就稱為剪枝（Pruning）（圖 4-35）。

圖 4-34　廣度優先搜尋與深度優先搜尋

廣度優先搜尋

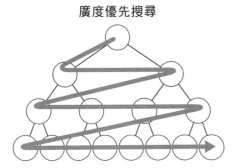

深度優先搜尋

圖 4-35　對戰式遊戲中的剪枝

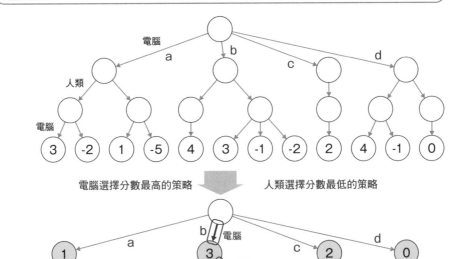

Point

✎ 樹狀結構的搜尋方式有廣度優先搜尋與深度優先搜尋，必須理解它們的不同特徵，區分使用情境。

✎ 在對戰式遊戲中，透過剪枝縮小查詢範圍相當重要。

» 從某個字串搜尋其他字串

從頭開始反覆搜尋的暴力搜尋法

從篇幅較長的文章中搜尋特定字串，這種情形相當常見，例如「瀏覽網站的同時尋找特定關鍵字在網頁中的位置」、「製作會議紀錄時為了確定有沒有寫錯字，而不斷搜尋某一個詞的關鍵字」等，這種情況下應該很多人會使用網頁瀏覽器與文書軟體內建的搜尋功能吧！

為了完成這類的字串搜尋，可以使用一種方式，從前端依序搜尋內容一致的字串，像圖 4-36 一樣，先比較第一個字是否相同，相同時再往下一個字，逐一進行。若是不一致，就會從搜尋範圍的下一個字開始，重新與關鍵字的第一字進行比較，反覆進行後，就能找到目標關鍵字所存在的位置。

如果到最後都找不到，就能得知該關鍵字並不存在。由於這種方式就像是使用蠻力從頭到尾反覆翻找，因此也被稱為暴力搜尋法，雖然效率不高，但已足夠供實務運用。

跳過不一致的內容再展開搜尋── BM 演算法（Boyer-Moore 演算法）

暴力搜尋法在遇到內容不一致的情形時，只能跳過一個字，再從關鍵字的第一個字重新搜尋。然而，若文章具有不存在於關鍵字中的字元，搜尋該部分也只是白費力氣。

因此有一種做法是一旦發現內容不一致，就大幅錯開搜尋範圍，而這種做法將必須事先計算好要錯開多少個字元，也就是說必須要進行預處理，針對關鍵字中的字元，計算必須錯開的字元數。

從搜尋字串的後方開始比較，只要內容不一致，就一口氣錯開事前已經計算好的字元數。這樣一來，只要出現條件不符的字元就能大幅錯開搜尋段落，藉此改善處理速度。這個方法稱為 BM 演算法（Boyer-Moore 演算法）（圖4-37）。

圖 4-36　　　　　　　　　　　　　　　　　　暴力搜尋法

從「SHOEISHA SESHOP」中搜尋「SHA」字串時

| S | H | O | E | I | S | H | A | | S | E | S | H | O | P |

若一致，則往後一個字元，逐步往下比較

不一致的情況發生時，則跳過一個字元再重新比較

圖 4-37　　　　　　　　　　　　　　　　　　BM 演算法

從「SHOEISHA SESHOP」中搜尋「SHA」字串時

字元	S	H	其他
錯開的字元數	2	1	3

事先計算搜尋字串中，
每個字元與末端字元的距離
※沒有出現於搜尋字串中的字元，
　就設定為搜尋字串的長度

| S | H | O | E | I | S | H | A | | S | E | S | H | O | P |

從後方開始比較，若不一致，就依照表格中的字元數往後錯開

| S | H | A |

→ | S |

Point

 暴力搜尋法是一種從頭依序搜尋字串的方法。

 BM 演算法是希望提升搜尋字串效率下，所設計出的一種方法。

小 試 身 手

當試製作簡單的程式吧！

　　書店中販售的書籍與出版社發行的出版品，都具有 ISBN（國際標準書號）編號。ISBN 分為 10 位數與 13 位數兩種，這裡讓我們來看看 13 位數的 ISBN 編號。

　　舉例來說，這本書日文原文版本的 ISBN 是「ISBN978-4-7981-6328-4」，最後一碼稱為「檢查碼」，用於確認輸入內容是否有誤，而這本書原文版本的檢查碼為「4」。

　　檢查碼的算法如下。

> 將檢查碼以外的數字從左邊依序乘以 1、3、1、3……，並將這些數值相加。相加後的數字除以 10，再以 10 減去餘數。只不過，若是除以 10 的餘數之個位數為 0，檢查碼就會是 0。

以本書原文版的 ISBN 為例：

$9 \times 1 + 7 \times 3 + 8 \times 1 + 4 \times 3 + 7 \times 1 + 9 \times 3 + 8 \times 1 + 1 \times 3 + 6 \times 1 + 3 \times 3 + 2 \times 1 + 8 \times 3 = 9 + 21 + 8 + 12 + 7 + 27 + 8 + 3 + 6 + 9 + 2 + 24 = 136$

$136 \div 10 = 13$ 餘 6，$10 - 6 = 4$，因此檢查碼為 4。

　　「check_digit」函式寫法如下，將只由 13 位數字構成的 ISBN 當作引數，傳入函式後再傳回檢查碼，請思考下方 A 與 B 處要放入的程式碼。

```
>  check_digit.py

def check_digit(isbn):
    sum = 0
    for i in range(len(isbn) - 1):
        if [  A  ]:
            sum += int(isbn[i])
        else:
            sum += int(isbn[i]) * 3

    if [  B  ]:
        return 10 - sum % 10
    else:
        return 0
```

從設計到測試

～不可不知的開發方法與物件導向基礎～

第
5
章

≫ 寫出易讀的原始碼

不影響程式運作的註解

電腦會依照原始碼的內容執行處理，不過有時原始碼中也有會寫給人閱讀的註記，例如執行複雜的處理程序時，如果寫下必須執行該處理的理由，回頭閱讀原始碼時一下就能掌握情況。

我們不希望電腦執行註記的部分，因此會使用特殊的書寫方式，稱為**註解**（圖5-1）。例如 C 語言與 PHP、JavaScript 等語言中「/*」與「*/」包夾的部分，以及單行文字中「//」之後的部分，Python 與 Ruby 的註解則是在單行文字中「#」之後的部分，**而註解並不會影響程式的運作**。

程式設計師閱讀原始碼之後就能理解內容，但並無從得知如此編寫的背景因素與理由，如果能寫下背景因素、理由，原始碼概要等資訊，將有助於閱讀者迅速理解。

讓程式碼更易閱讀的縮排與巢套

一般來說，大部分的程式語言都會忽視原始碼中的空白鍵與 tab 鍵字元，有時我們為了**讓原始碼更容易閱讀**，會運用這個特徵，在條件分支與迴圈等控制結構的敘述文開頭，放入相同數量的空白鍵與 tab 鍵字元，這種方法就稱為**縮排**（indent）（圖5-2）。

若是使用多層控制結構，例如條件分支中還有迴圈，則可以使用**增加縮排的方式**，這就是**巢套**（巢狀結構，nesting）。一般來說縮排並不會影響程式的執行，不過 Python 則是依據縮排來編寫程式結構，縮排位置一旦改變，執行的動作也將不同，必須留意。

圖 5-1 .... 註解的範例 ....

```
>| C語言

/*
 * 計算消費稅
 * price：金額
 * reduced：是否為調降稅率的對象
 */
int calc(int price, int reduced){
    if (reduced == 1){
        // 調降稅率對象為8%
        return price * 0.08;
    } else {
        // 非調降稅率對象為10%
        return price * 0.1;
    }
}
```

```
>| Python

# 計算消費稅
# price：金額
# reduced：是否為調降稅率的對象
def calc(price, reduced):
    if reduced:
        # 調降稅率對象為8%
        return price * 0.08
    else:
        # 非調降稅率對象為10%
        return price * 0.1
```

圖 5-2 .... 縮排 ....

```
>| C語言

#include <stdio.h>

int main(){
    int i, j;
    for (i = 2; i <= 100; i++){
        int is_prime = 1;
        for (j = 2; j * j <= i; j++){
            if (i % j == 0){
                is_prime = 0;
                break;
            }
        }
        if (is_prime == 1){
            printf("%d\n", i);
        }
    }
    return 0;
}
```
縮排

```
>| Python

import math

for i in range(2, 101):
    is_prime = True
    for j in range(2, int(math.sqrt(i) + 1):
        if i % j == 0:
            is_prime = False
            break

    if is_prime:
        print(i)
```
縮排

Point

✎ 註解並不會影響程式的執行，添加註解是為了讓人更容易閱讀與理解。

✎ 使用縮排讓原始碼的行開頭對齊，將更容易閱讀。

≫ 決定原始碼的書寫規則

原始碼中的命名規則

開發程式的過程中經常會需要命名，像是變數、函式、類別、檔案，都需要名稱才能辨識。有些程式語言會限制命名時使用的字元，例如字母或是數字等，只要符合程式規範，就能自由命名。

只是，在命名變數與函式時，若是隨意命名，之後閱讀原始碼時就不知道變數與函式的用途，因此命名時需要使用**任何人看了都能理解的名稱**。

這時候可以使用命名規則，相關的命名法種類繁多，例如匈牙利命名法是用於變數等名稱的命名規則，做法是在名稱的開頭加上前綴字母（圖 5-3），使用匈牙利命名法命名變數有個好處，只要看開頭的字母，就能知道變數的型別。

此外，以大小寫字母來命名的方式則有駝峰式命名法、蛇形命名法、Pascal命名法等（圖 5-4）。每個語言都有建議的命名法，因此**命名時請遵照相應的規則**。

提升原始碼品質的編寫規則

除了命名規則，每個專案通常也都會訂好編寫規則，以提升程式的可維護性及品質，這種規則就稱為編碼慣例（圖 5-5）。

例如，縮排時要使用空白鍵還是 tab 鍵？使用空白鍵時又需要空幾格？標示區塊的括弧要如何配置，註解要如何書寫等，這些規則都會事先訂定。

有些程式語言也會**訂定標準規範**，有時甚至會提供檢查工具與自動調整格式的工具，以檢查是否符合既定規則。

圖 5-3 匈牙利命名法範例

前綴字母	意思	使用範例
b	布林型別	bAgreeFlag
ch	字元型別	chRank
n	整數型別（int）	nCount
s	字串型別	sUserName
h	handle 型別	hProcWindow

圖 5-4　　　　使用大小寫字母的命名法

名稱	寫法	使用範例
駝峰式命名法	除了第一個單字外，其他單字皆以大寫開頭	getName
蛇形命名法	單字間使用底線	get_name
Pascal 命名法	單字皆以大寫開頭	GetName
Kebab 命名法	單字間使用連字符號	get-name

圖 5-5　　　**Python** 的編碼慣例，以 **PEP-8** 為例

程式碼的排版	表達式和語句中的空格	命名規則
·縮排時使用4個半形空白字元 ·單行長度為79字元以下 ·最頂層函式與類別定義都要使用兩行空行分隔 ·類別中的方法（method）定義使用單行分隔 ·原始碼必須使用UTF-8 　　　　　　等	·()、[]、{}等括號的左側符號之後，以及右側符號之前不放入空格 ·逗號、分號、冒號之前不放入空格 　　　　　　等	·模組名稱為全部使用小寫的短名稱（可以使用底線） ·套件名稱為全部使用小寫的短名稱（不建議使用底線） ·類別名稱使用CapWords風格（即Pascal風格） 　　　　　　等

Point

✎ 每種語言的命名規則與編碼慣例不同，因此需要因應不同語言的規範，來命名變數、函式、與類別等。

✎ PEP-8 是 Python 的編碼慣例。

≫ 排除執行時的錯誤

要及早發現問題，就必須測試

開發程式後，必須確認程式是否能正確執行處理，如果提供的資料正確，程式當然可以正常處理，**若提供的資料如果有誤，我們也需要程式執行適當處理，避免異常終止的情況發生。**

實施測試時，如果發生意料之外的結果，就必須調查原因並修正程式，要及早發現問題，就要在各個階段實施測試（圖 5-6）。

小單位進行測試

單元測試（unit test）的測試對象並非程式整體，而是以**函式、程序、方法（method）等單位進行測試**。如名稱所示，單元測試是以小單位進行測試的方法，用於確認**程式的每個部分都能正確執行**。

執行單元測試時通常會使用自動化測試工具，如 JUnit 與 PHPUnit 等，每個程式語言都會提供相關工具，一般通稱為 xUnit，執行後的結果會顯示為「Red（失敗）」與「Green（成功)」2 種顏色，這樣一來將更容易掌握狀況。

整合多個程式進行測試

軟體到達一定的規模後，將會由多個程式組成，而**整合多個程式實施測試**，這種方法就是整合測試（integration test）。整合測試可以用來確認完成單元測試的程式間介面是否一致等，因此也稱為介面測試。

從圖 5-7 可以看出單元測試與整合測試間的關係。

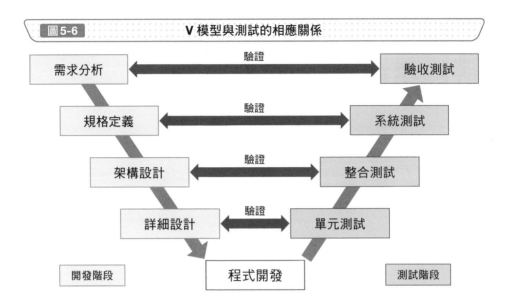

圖 5-6　　　V 模型與測試的相應關係

需求分析 ←──驗證──→ 驗收測試

規格定義 ←──驗證──→ 系統測試

架構設計 ←──驗證──→ 整合測試

詳細設計 ←──驗證──→ 單元測試

程式開發

開發階段　　　　　　　　　　　　　　測試階段

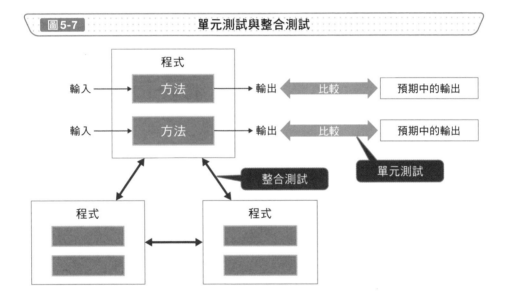

圖 5-7　　　單元測試與整合測試

程式

輸入 ──→ 方法 ──→ 輸出 ←─比較─→ 預期中的輸出

輸入 ──→ 方法 ──→ 輸出 ←─比較─→ 預期中的輸出

單元測試

整合測試

程式

程式

> **Point**
>
> ⟋ 以函式、程序、方法等為單位實施測試，就稱為單元測試，這個測試
> 　對應到詳細設計階段。
> ⟋ 整合多個程式執行的測試，就稱為整合測試，整合測試對應到架構設
> 　計的階段。

» 確認是否滿足需求條件

確認系統整體的運作

在單元測試與整合測試結束後,還需要執行系統測試(綜合測試),除了對最終完成的軟體外,系統測試也會在實際所使用的硬體對系統整體實施測試,這是為了確認「是否能正確處理架構設計階段的預期功能」、「是否能在預期時間內處理完成」、「系統是否能負荷」,以及「安全性上是否有漏洞」等(圖 5-8)。

系統測試是開發端的最終測試,這個階段如果沒有問題,就會將系統交給訂購者(使用者)。換句話說,**系統測試的目的在於驗證系統的功能與性能是否符合使用端的要求**。

如上一頁的圖 5-6 所示,系統測試會確認軟體是否符合規格定義書中所寫的內容,不過實際上除了確認功能是否符合客戶需求外,也會確認「是否滿足客戶需求的性能」以及「是否有安全性問題」等非功能性要件。

在使用端實施測試

單元測試、整合測試、系統測試是在開發端實施的測試,而**在訂購端(使用端)實施的測試**則稱為驗收測試,用於確認系統是否符合規格定義階段中設定的條件,若是沒有問題就能驗收完成。

只是,有時開發端會基於一些因素,像是「訂購端不具專業知識,因此無法實施測試」,或是「不確定是否具有足夠的人員與經費」等,而將部分或全部的驗收測試委託給其他企業。

有些系統在實際上線後,會**設定一段確認期間(驗收期)**,由於系統已經實際運行,因此也稱為操作測試。也有另一種方法是由部分使用者測試導入,確認沒問題後才逐漸增加使用者人數(圖 5-9)。

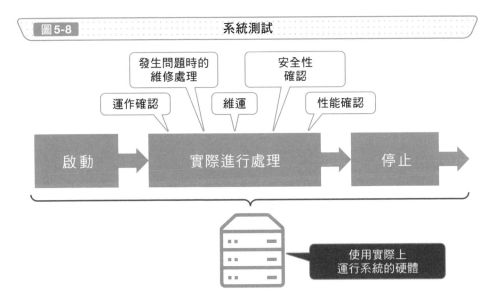

圖 5-8　系統測試

發生問題時的
維修處理

安全性
確認

運作確認　　維運　　性能確認

啟動　　　　實際進行處理　　　　停止

使用實際上
運行系統的硬體

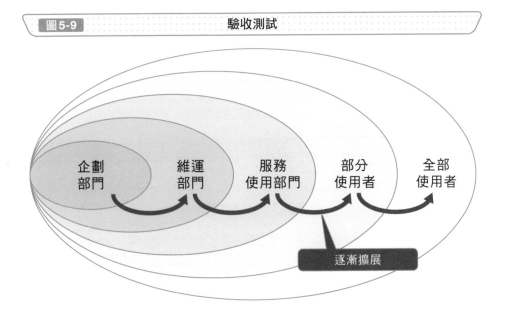

圖 5-9　驗收測試

企劃
部門

維運
部門

服務
使用部門

部分
使用者

全部
使用者

逐漸擴展

Point

🖉 在完成所有開發流程後，會由開發端實施系統整體的測試，稱為系統
　測試。

🖉 由使用端確認是否符合需求規格的測試，就稱為驗收測試。

» 瞭解測試的方法

測試時只著重於程式的輸入與輸出

想到什麼就測試什麼，這種做法很沒有效率，因此需要明確訂出要確認的項目，再執行測試。這時候可以使用黑盒測試（圖 5-10），使用黑盒測試時**不用看原始碼的內容，只要著重在程式的輸入與輸出，以判斷程式的運作是否符合規格**。

黑盒測試是用來確認「將某份資料放入程式時，程式的輸出值是否與預期結果一致」，以及「進行某項操作時，程式是否照著運作」等。開發軟體時，軟體的規格都已確定，因此可以依照規格設計測試案例（test case），並驗證是否都能得到正確的結果。

由於不需實際檢視程式碼，因此黑盒測試可以運用在很多測試上，例如單元測試、整合測試、系統測試與驗收測試等。

測試時要確認原始碼的內容

有另一種測試是白盒測試，與黑盒測試不同，**這種方式需要確認原始碼內容是否涵蓋了所有處理程序所使用的指令、分支、條件等**。

白盒測試的檢視指標為覆蓋率（coverage），可以使用圖 5-11 的指令敘述覆蓋、分支決策覆蓋與條件覆蓋等。白盒測試會執行原始碼中所有的指令、分支、條件，若結果符合預期，就能完成測試（圖 5-12）。

不過白盒測試終究只是確認行經的路徑，並無法發現條件本身是否編寫錯誤，進行程式碼審查時可能會發現這樣的錯誤，不過一般來說還是需要透過黑盒測試找出，因此通常都會實施黑盒測試，再以白盒測試讓測試更完整。

圖 5-10　　　　　　　　　　黑盒測試

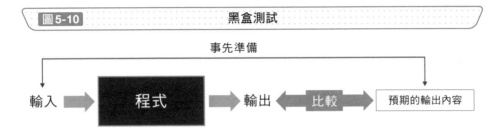

圖 5-11　　　　　　　　覆蓋率的測定條件

覆蓋率	內容	意涵
C0	指令敘述覆蓋	是否已執行所有指令
C1	分支決策覆蓋	是否已執行所有分支
C2	條件覆蓋	所有組合是否已至少執行過1次

圖 5-12　　　　　　分支決策覆蓋與條件覆蓋的差異

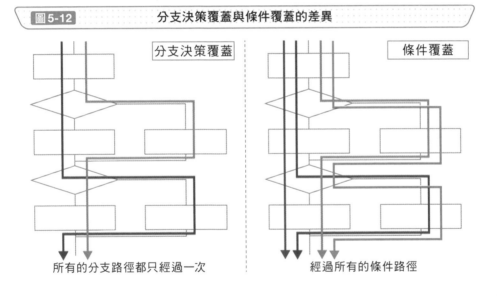

Point

✎ 只著重於程式的輸出、輸入內容，這種測試方法稱為黑盒測試，用於確認所設計的測試案例是否可以得到正確的結果。

✎ 確認原始碼內容是否涵蓋原始碼中的指令、分支、條件等，這種測試方法就是白盒測試。

» 黑盒測試的執行方式

以具代表性的值實施測試

黑盒測試只會看程式的輸出入內容，不過若要確認所有的資料與操作，過程會相當繁瑣，因此需要費點心思簡化測試，最快的方法就是只測試具代表性的值。

將輸入與輸出值分類成等價集合，在每個集合中選出具代表性的值進行測試，這個方法就稱為等價劃分，只要從集合中任選一個值，就能有效率地完成測試。

例如，若是某程式要將收到的最高氣溫資料區分為「35℃以上」、「30℃以上」、「25℃以上」、「0℃以下」、「其他」，則可以從各個區間分別選出最高氣溫的代表值，例如「37℃、32℃、28℃、15℃、-5℃」，如果程式可以正確分類，就能判斷程式在運作上沒有問題（圖 5-13）。

對邊界前後的值實施測試

編寫分支決策時，經常會發生的錯誤有弄錯條件範圍的界限，例如，以某個值進行判定時，如果**將「以下」、「未滿」讀取錯誤**，就會產生不同的結果。

而**將輸入、輸出值分類至等價集合，並使用邊界值實施測試**，這就是邊界值分析，使用邊界值，可以判斷程式中分支條件的設定是否正確。

以剛才的例子來說，若是某程式要將收到的最高氣溫資料分類為「35℃以上」、「30℃以上」、「25℃以上」、「0℃以下」、「其他」，條件設定將如圖 5-14。

要正確判斷條件，就要使用「36℃、35℃、34℃、31℃、30℃、29℃、26℃、25℃、24℃、1℃、0℃、-1℃」的資料值。

一般來說在實施測試時，等價劃分與邊界值分析兩者都會執行。

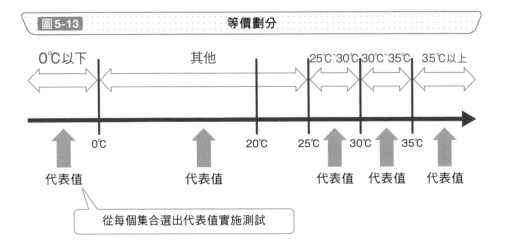

圖 5-13 等價劃分

0℃以下　　　其他　　　25℃~30℃ 30℃~35℃ 35℃以上

0℃　　20℃　25℃　30℃　35℃

代表值　　代表值　　代表值　代表值　代表值

從每個集合選出代表值實施測試

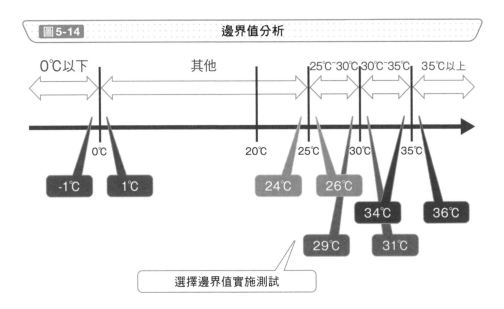

圖 5-14 邊界值分析

0℃以下　　　其他　　　25℃~30℃ 30℃~35℃ 35℃以上

0℃　　20℃　25℃　30℃　35℃

-1℃　　1℃　　24℃　26℃

34℃　36℃

29℃　31℃

選擇邊界值實施測試

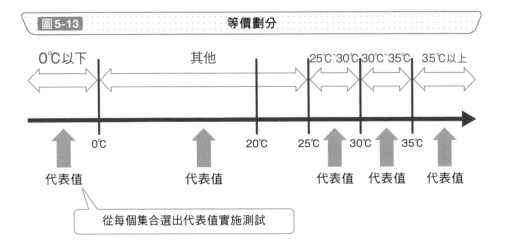

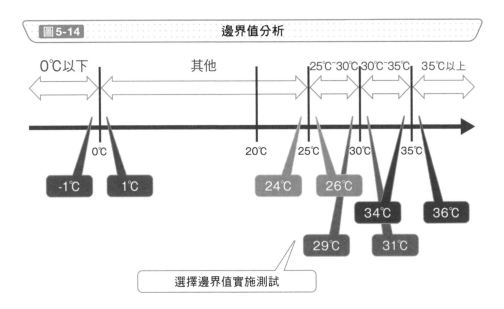

Point

✎ 將值分類至不同集合，從中選擇代表值並有效率地完成測試，就稱為
等價劃分。

✎ 使用邊界值確認條件是否編寫正確，就稱為邊界值分析。

》 發現並管理錯誤

找出程式的問題點

程式運作時出現不如預期的狀況，就稱為程式錯誤（bug），除了原始碼編寫錯誤所導致的「開發階段錯誤」外，也會有其他錯誤，例如在設計階段就已經產生的「設計階段錯誤」。

此外，除去錯誤，使程式正確運作，這個動作稱為除錯（圖 5-15），實際上，有時**尋找錯誤也可視為除錯的一部分**。

而法律文件中有時會將錯誤稱為「瑕疵」。

幫助除錯的工具

協助尋找程式錯誤的軟體，就稱為除錯工具（debugger），除錯工具並不會一口氣對製作完成的軟體執行除錯程序，它的功能是「在指定的位置暫時中斷處理程序」，以及「逐行執行程式碼，並顯示代入變數中的值」等功能。

使用除錯工具，可以在執行處理的過程中一邊確認是否執行了錯誤的計算，或者是否儲存了預期外的值，這對找出錯誤的所在位置很有幫助。

然而，除錯工具只是**協助程式設計師尋找錯誤**，並不會自動找出錯誤的位置，這點必須留意。

當發現錯誤時就必須予以修正，不過站在系統管理人員的立場，也必須衡量發生的錯誤件數、是否需要優先處理等情況，這時候就可以使用錯誤追蹤系統（BTS, bug tracking system）（圖 5-16）。

使用 BTS 管理，就能掌握錯誤的相關情況，例如「發現錯誤者與發現時間」、「錯誤是如何發生的」、「錯誤是由誰以什麼樣的方式修正」，以及「發生錯誤的功能之重要程度」等。此外，掌握錯誤修正的狀況，所獲得的知識也能運用於往後的軟體開發。

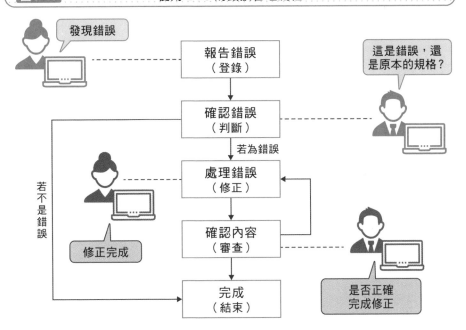

圖 5-15　除錯的方法

機上除錯

以目視
方式確認

輸出內容以進行除錯

printf("%d", value);

執行

C:\>xxx.exe
5
6
7

使用除錯工具

逐行執行

現在的值：6

使用工具逐步執行

圖 5-16　使用 BTS 的錯誤管理流程

發現錯誤

報告錯誤
（登錄）

這是錯誤，還
是原本的規格？

確認錯誤
（判斷）

若為錯誤

若不是錯誤

處理錯誤
（修正）

修正完成

確認內容
（審查）

是否正確
完成修正

完成
（結束）

Point

∥程式出現不如預期的運作情況，就稱為程式錯誤。

∥去除或找出錯誤，就稱為除錯，協助除錯的軟體則稱為除錯工具。

∥BTS 是一種用於管理錯誤的軟體。

» 在不執行軟體的情況下進行驗證

以目視方式確認問題點

白盒測試與黑盒測試一般是在編碼之後的測試階段執行，也就是說，要等編碼告一個段落才能實施測試。

只是，這樣一來在測試中找到錯誤後，就必須**回到那個階段，才能予以修正（重工）**，如果錯誤發生在設計階段，甚至必須修改設計稿。如果可以儘早發現錯誤，就能避免重工並將影響降到最低。

為了因應這種情況，可以在測試前就進行驗證，透過第三方以目視的方式檢視文件與原始碼，這種方式就稱為審視（inspection）。如果檢視的是文件，也可稱為文件審查，若是程式碼，則可稱為程式審視與程式碼審查（圖 5-17）。

以工具檢視原始碼

審視是以人工進行操作，而透過電腦檢視原始碼的方式，就稱為靜態分析（靜態程式碼分析、靜態程式分析），相關工具則稱為靜態分析工具。

靜態分析**不需要執行原始碼，就能發現原始碼中的各式問題**，由於它可以自動執行，比起人工確認能夠更迅速地完成。只是，靜態分析工具只能用在所支援的項目，以及事先設定的項目。

靜態分析中所使用的指標是軟體度量指標，軟體度量指標能以定量方式呈現原始碼的規模、複雜度，以及可維護性等，透過這些指標，將可能早期發現程式碼是否難以維護、降低維護負擔，以及提升審查品質等（圖 5-18）。

由於不需要讓軟體運作，因此在開發的早期階段就可以測試，這樣一來也能避免重工的情況。

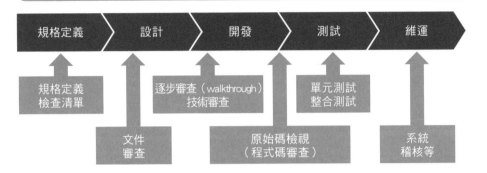

圖 5-17 審視與審查

規格定義 〉 設計 〉 開發 〉 測試 〉 維運

規格定義
檢查清單

逐步審查（walkthrough）
技術審查

單元測試
整合測試

文件
審查

原始碼檢視
（程式碼審查）

系統
稽核等

圖 5-18 軟體度量指標的範例

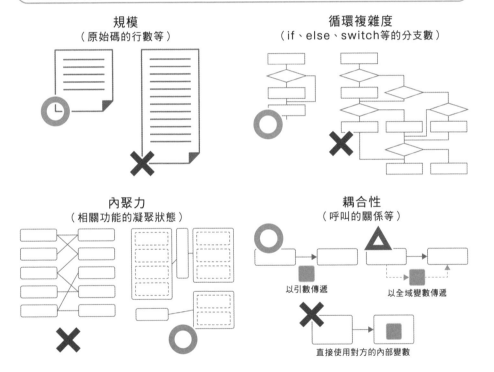

規模
（原始碼的行數等）

循環複雜度
（if、else、switch等的分支數）

內聚力
（相關功能的凝聚狀態）

耦合性
（呼叫的關係等）

以引數傳遞

以全域變數傳遞

直接使用對方的內部變數

Point

/ 以目視的方式檢視文件與原始碼是否有錯誤，就稱為審視，審視可以
協助我們及早發現問題。

/ 使用靜態分析工具，可以避免所編寫的原始碼難以維護。

≫ 從軟體企劃到使用結束

將業務模組化並建立有系統的計畫

第 1 章曾經提過,開發作業的流程大致可以分為規格定義、設計、開發、測試、發布這幾個步驟,這整個流程,也就是**從軟體企劃到使用結束**就稱為軟體生命週期(圖 5-19),具體來說會依照企劃、規格定義、開發、導入、使用、維護的步驟循環。

也就是說,在軟體開發之前要先進行企劃,而發布之後也還有使用與維護等步驟。軟體發布後,會因客戶要求或發生錯誤而必須予以修正,並不是開發完成後就沒事了。

實際情況中,維護之後有時還有刪除的步驟,刪除的理由可能是「已經沒有相關業務」、「更換新系統」等,導致軟體不再受到使用,而軟體生命週期則需要**對這些流程進行整體評估,並將業務模組化**。

開發與維運的合作機制

整個軟體生命週期中的步驟並非都由同一窗口負責,許多公司會區分為開發部門與維運部門。

然而,近來除了提升軟體可靠度之外,還有一個趨勢是 **DevOps**,也就是讓開發到維護階段的不同部門合作,以提升生產力(圖 5-20)。DevOps 由 Development(開發)與 Operations(運作)的前幾個字母組合而成,這兩個領域緊密合作,不只能讓工程師磨練各式技能,也更能滿足客戶的需求,因此備受矚目。

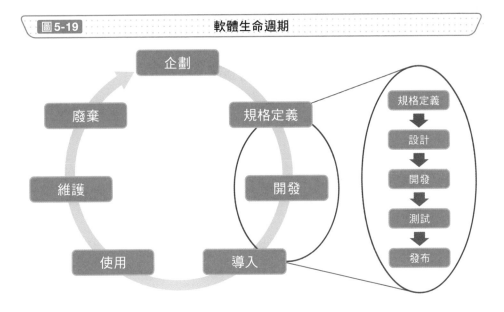

圖 5-19　軟體生命週期

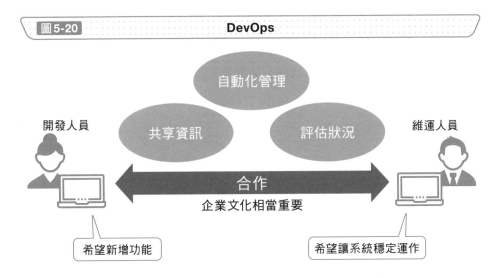

圖 5-20　DevOps

Point

∥軟體並不是導入之後就結束了，必須要往後考量到廢棄階段，將業務
　模組化，並建立有系統的計畫。

∥在開發軟體時，不要讓軟體的開發與維運各自獨立，兩個部門的合作
　機制相當重要。

» 將軟體開發流程自動化

自動執行軟體建置與測試

開發軟體的過程中，整合不同開發人員所開發的內容，是最容易出現問題的階段。即使每個程式都經過詳盡測試，也能正常運作，組合為一個系統後還是可能出現運作問題。

如果在初期階段就注意到開發人員間的認知有所不同，影響就不會太大，不過要是開發人員長時間各自進行開發，到後期才發現問題，事情就會變得相當棘手。

這時候可以使用一種機制，那就是盡可能小部分提交（commit）原始碼，在提交後就自動執行軟體建置與測試，執行失敗時則會即時給予回饋。

這樣的方法稱為 **CI**（Continuous Integration：持續整合）（圖 5-21），透過執行 CI，**可以縮短發現問題的時間，也較容易調查問題的原因**。此外，發現問題時並不需大幅向前回溯，因此也**有助於提升團隊的生產力**。

維持在隨時都能發布的狀態

說到 CI，就不免要提及 **CD**（Continuous Delivery：持續發布）（圖 5-22），持續發布的意思是將軟體隨時保持在可以發布的狀態。

透過 CD，管理者與經營者可以在想要發布的時間點發布當下的最新內容，此外，透過提升發布速度，可以**迅速依據市場的回饋意見調整軟體**。

以 CI 執行軟體建置與測試，如果沒有發現問題，就自動發布至實際環境，這種情況也能稱為 CD，不過這裡的 CD 指的則是持續部署（Continuous Deployment）。

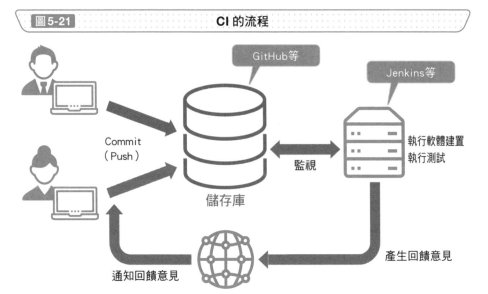

圖 5-21 CI 的流程

GitHub等

Jenkins等

Commit
（Push）

監視

儲存庫

執行軟體建置
執行測試

產生回饋意見

通知回饋意見

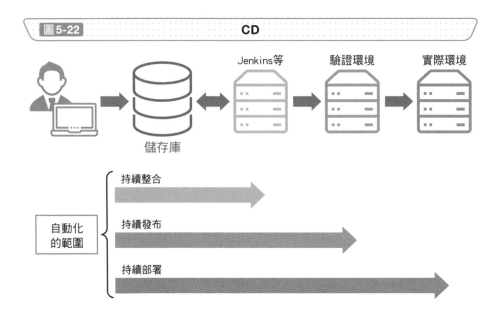

圖 5-22 CD

Jenkins等　　驗證環境　　實際環境

儲存庫

持續整合

自動化
的範圍

持續發布

持續部署

Point

✎ 透過 CI，在初期階段防止問題的產生，就可以提升開發效率。

✎ 透過 CD 可以提升發布速度。

✎ 有時候也會將 CI 與 CD 合稱為「CI/CD」。

» 不變更程式運作就能修改原始碼

為什麼編寫出難讀的原始碼

如果是只使用一次的簡單程式，如腳本語言，原始碼「只要能夠運作」即可，不過，若是要用上好幾年的企業核心系統，或是由多名開發人員參與的大型軟體，就經常會需要新增功能或是變更規格。

即使一開始很仔細地執行系統設計，也會因為突然需要變更規格，只好因應情況修改原始碼，這會導致編寫的原始碼無法考量到擴充性（圖5-23），如果就這樣開發下去，到最後會變成**難以理解原始碼的處理內容，也無法順利修改與維護系統**。

重構──在不更動系統內容下修改原始碼

一般的文章可以透過校正程序，讓內容變得正確通順，而原始碼也需要修正，讓內容更易閱讀。只是軟體開發進行到一個階段後，如果能順利運作，就不會想要變更原始碼，因為修正可能會導致新的錯誤發生。

這時候就可以透過重構，在**不變更原本程式的運作下，將原始碼修正為更好的格式**。重構必須謹慎操作，而「不變更程式運作」則是一大重點（圖5-24）。要完成重構，會需要進行各種準備。

例如必須依照原先的程式規格事先編寫測試碼，並在透過重構修正完原始碼之後再次執行測試碼，執行結果如與原先不符，就代表修正的內容有誤。也就是說，只要有測試碼，**在進行重構時就能夠一面確認是否產生錯誤**，這樣一來就能放心進行重構。

此外，為了判斷修正到哪個程度才能讓系統更易維護，會使用靜態分析的軟體度量指標等。

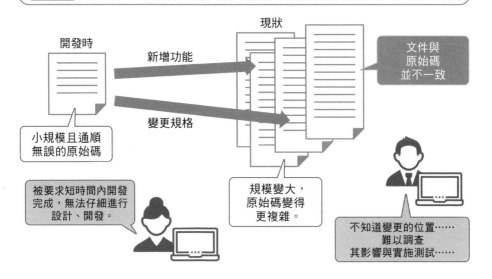

圖 5-23 為什麼會編寫出有問題的原始碼？

開發時

新增功能

變更規格

現狀

文件與
原始碼
並不一致

小規模且通順
無誤的原始碼

被要求短時間內開發
完成,無法仔細進行
設計、開發。

規模變大,
原始碼變得
更複雜。

不知道變更的位置……
難以調查
其影響與實施測試……

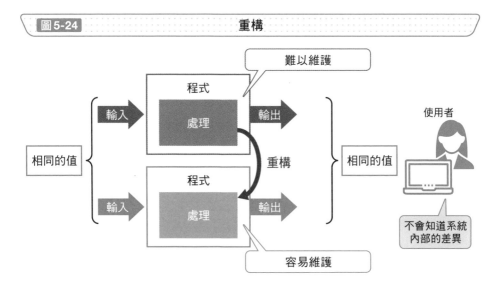

圖 5-24 重構

難以維護

程式

處理

輸入

輸出

相同的值

重構

程式

處理

輸入

輸出

相同的值

使用者

不會知道系統
內部的差異

容易維護

Point

🖉 由於重構之後程式的運作不會改變,因此同樣的輸入依然可以得到相
同的輸出。

🖉 軟體度量指標可以用作為重構的指標。

≫ 在自動測試的前提下進行開發

事先編寫檢查用的程式碼

開發軟體時，許多人都認為測試是在開發後期執行，如果是要「確認軟體是否符合設計階段所定義的規格」，測試確實是在開發後期沒錯，不過最近這個順序有改變的趨勢。

測試驅動開發是以測試為前提進行開發，在開發之前，會將希望實現的規格編寫為測試碼，並在編寫程式碼的過程中**一邊確認程式碼是否能通過測試**（圖5-25），這種做法可以避免寫出錯誤的程式碼。

這種先編寫測試碼的方式，稱為測試先行，做法是編寫最小限度的程式碼，讓測試碼得以運作，並逐漸修正程式碼，讓**測試碼測試成功**。

如果能自動判定測試碼是成功或失敗將更有效率，因此在測試驅動開發中經常會使用單元測試工具。

接受變更，彈性應對

瀑布式等開發方法相當重視文件，需要在開發前就完成規格定義，不過有另一種方式──**XP**（eXtreme Programming）則**將變更視為理所當然，面對變更時會採取積極的態度因應**。

極限開發是敏捷軟體開發中最具代表性的方式，藉由導入自動化測試，即使需要變更也能彈性因應。極限開發重視原始碼更勝於文件，因此與測試驅動開發都受到眾多程式設計師的青睞。

圖 5-26 定義了極限開發的 5 個價值與 19 個具體實踐方式，相較於以往的方法，開發人員將需要改變思考的方式。

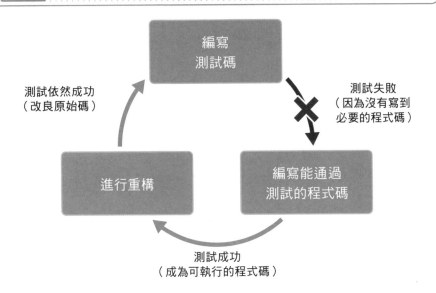

圖 5-25 測試驅動開發流程

編寫
測試碼

測試依然成功
（改良原始碼）

測試失敗
（因為沒有寫到
必要的程式碼）

進行重構

編寫能通過
測試的程式碼

測試成功
（成為可執行的程式碼）

圖 5-26 **XP 的 5 個價值與 19 個實踐方式**

共同的實踐	開發的實踐	管理人員的實踐	客戶的實踐
·反覆式 ·共同用語 ·開放的作業環境 ·回顧	·測試驅動開發 ·結對程式設計 ·重構 ·原始碼共有共享 ·持續整合 ·YAGNI	·接受責任 ·援助 ·每季重新評估 ·快速回饋 ·最佳的工作步調	·寫下故事 ·發布計畫 ·驗收測試 ·短期發布

5個價值
溝通、簡單、回饋、勇氣、尊重

Point

✐ 測試驅動開發透過測試成功，確保之後無須再往回修正，有減少程式錯誤的效果。

✐ XP 是一種開發手法，即使客戶更改需求也能彈性因應。

以視覺呈現資料結構與流程

運用圖形設計資料庫

程式在處理資料時，除了會儲存於檔案，也會儲存到資料庫。資料在資料庫中會以表格的格式儲存，不過並不是只有一張資料表（table），而是像圖 5-27 一樣，將資料切割成多張資料表儲存，這樣一來**更容易管理資料，變更資料時也只需要進行最低限度的修正。**

使用資料庫時必須要思考「要以什麼樣的結構儲存不同的資料表？」、「資料表之間要以哪個項目連結？」。設計資料庫時以圖形來呈現這些內容，除了讓自己有更清楚的概念之外，向他人說明時也更為容易。

可以使用的圖形有 **ER 圖**（實體關聯模型），如名稱所示，ER 圖是將「實體（Entity）」與「關聯（Relationship）」圖形化，它具有許多表示方式，近年來經常使用的則是圖 5-28 的 IE 模型。

IE 模型會將實體間的關係程度（基數性）以圓圈和線呈現為圖形，由於外型類似雞爪，因此也稱為「雞爪圖」。

將資料的流程視覺化

除了資料庫的相關圖形外，也有另一種圖形是 **DFD**（資料流程圖），可以呈現出「**資訊系統整體的資料流程**」，以及「**資料從哪裡接收，儲存到哪裡**」。

DFD 會以四個面向呈現資料的流向及處理，分別是「外部實體（external entity，人與外部系統等）」、「資料儲存處（data store）」、「程序（process）」、「資料流（data flow）」。

DFD 也有各種表示方式，其中常用的有圖 5-29 中的「Yourdon & DeMarco」，這種方式以長方形表示外部實體，兩條線表示資料儲存處，圓圈表示程序，箭頭表示資料流。

圖 5-27　多個資料表的範例

客戶

客戶ID	客戶名稱	郵遞區號	地址	電話號碼
K00001	翔泳太郎	160-0006	東京都新宿區	03-5362-3800
K00002	佐藤一郎	112-0004	東京都文京區	03-1111-2222
K00003	山田花子	135-0063	東京都江東區	03-9999-8888

商品

商品ID	品名	類別ID	供應商
A0001	高級原子筆	C001	○×商社
A0002	禮品盒	C002	□☆物流
A0003	鋼筆	C001	△○事務所

訂單

訂單ID	客戶ID	訂購日期
T000001	K00001	2020/07/01
T000002	K00001	2020/07/02
T000003	K00002	2020/07/10

訂單明細

訂單明細ID	訂單ID	商品ID	單價	數量	交貨日期
M0000001	T000001	A0001	1,600	10	2020/07/01
M0000002	T000002	A0002	2,500	20	2020/07/02
M0000003	T000003	A0003	1,980	10	2020/07/10

図 5-28　**ER 圖（IE 模型）範例**

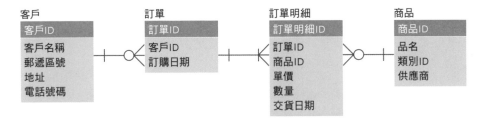

図 5-29　**DFD（Yourdon & DeMarco 表示方式）範例**

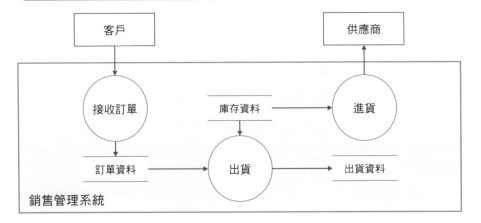

第 5 章　以視覺呈現資料結構與流程

Point

✎以模型呈現資料庫時，經常會使用 ER 圖。

✎呈現資料流程時，經常會使用 DFD。

» 讓編譯自動化

讓軟體得以執行的「建置作業」

若是 C 語言與 Java 等編譯語言，寫完原始碼後還需要進行編譯與連結等操作（圖 5-30），這些作業就稱為建置（build）。如果原始碼的內容只是一個簡單的程式，那麼就只需要執行編譯指令，不過，**一旦軟體的規模變大，經常都是由許多原始碼所構成**。

若是逐一編譯這些原始碼，處理會相當費時，而且也可能漏掉一部分忘了編譯。此外，即使原始碼沒有變更，也必須確認是否不用編譯。

C 語言等經常使用的自動化建置工具

make 長久以來受到使用，是將這些作業自動化的工具之一，它會建立 Makefile 檔案，檔案中記錄著自動執行處理的內容，這樣一來，無論是再複雜的程序，也只要執行 make 指令就能完成（圖 5-31）。**如果檔案沒有變更，就不需進行編譯**，因此也有助於縮短編譯的時間。

在 Linux 環境中，許多軟體的安裝都使用了 make 指令，因此或許有些人已經很習慣「configure」→「make」→「make install」這些步驟。

Java 等語言經常使用的自動化建置工具

make 已經有一定的歷史，不過 Java 環境中常用的則是 **Ant**。由於 Ant 也是由 Java 所編寫，不僅在很多環境中都能執行，**而且它的設定檔是 XML 格式，對開發人員來說內容也相當易讀**。最近更出現了 Maven 與 Gradle 等建置工具，進一步改善 Ant 的功能，變得更加方便。

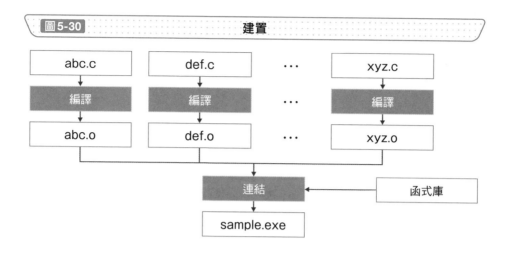

圖 5-30 建置

圖 5-31 使用 make 的效果

不使用make

```
$ gcc –c abc.c
$ gcc –c def.c
$ …
$ gcc –c xyz.c
$ gcc –o sample.exe abc.o def.o xyz.o
```
一開始先對所有檔案執行編譯

↓ 修正原始碼

```
$ gcc –c abc.c
$ gcc –c def.c
$ …
$ gcc –c xyz.c
$ gcc –o sample.exe abc.o def.o xyz.o
```
一邊確認有哪些檔案經過修正，再執行編譯

↓ 修正原始碼

```
$ gcc –c abc.c
$ gcc –c def.c
$ …
$ gcc –c xyz.c
$ gcc –o sample.exe abc.o def.o xyz.o
```
一邊確認有哪些檔案經過修正，再執行編譯

使用make

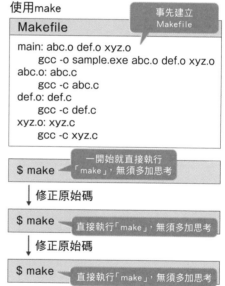

事先建立 Makefile

```
Makefile

main: abc.o def.o xyz.o
    gcc -o sample.exe abc.o def.o xyz.o
abc.o: abc.c
    gcc -c abc.c
def.o: def.c
    gcc -c def.c
xyz.o: xyz.c
    gcc -c xyz.c
```

```
$ make
```
一開始就直接執行「make」，無須多加思考

↓ 修正原始碼

```
$ make
```
直接執行「make」，無須多加思考

↓ 修正原始碼

```
$ make
```
直接執行「make」，無須多加思考

Point

✐需要編譯多個檔案時，可以使用 make 與 Ant 等工具，將複雜的程序
自動化。

✐不只開發人員會使用 make，有時使用者在安裝軟體時也會使用。

≫ 瞭解物件導向的基礎概念

物件導向的設計圖

「抽象化」經常用於表現物件導向的概念，而物件導向或許能如此解釋：去除每一筆資料中的具體資訊後，**找出資料的共通點，再思考如何設計程式。**

例如企業將自家產品分類後，可能會呈現為圖 5-32 的關係，就這樣從每個商品的特徵中找出共通點並將其抽象化。

完成之後的圖形用途將十分廣泛，而這個設計圖所畫的就是類別，如 **2-3** 的說明，物件導向會**將資料與操作合併**思考。

以「書」這個類別為例，書含有書名、作者姓名、頁數與價格等資料，此外，「再刷」時的「刷數（2 刷、3 刷）」資料也會逐漸更新。

從設計圖產生實體

類別終究只是設計圖，並不能呈現出實際的商品，要讓設計圖成為一個個的商品，就必須將它實體化 ※1，實體化之後就稱作實例（instance）（圖 5-33）。

讓我們建立書籍（Book）這個類別，並且實體化為《程式設計的機制》與《安全性的機制》兩本書籍，另外，也編寫敘述，用來更新兩本書的刷數。

若是 Python，原始碼應該就如圖 5-34，這時候不只要定義類別，還要從一個類別建立多個實例，並開發程式，對實例執行處理。

有時某個類別實體化後的所有內容會合稱為物件，既有內容則分別都稱為實例。

※1 實體化：在記憶體上保留空間，讓實體可以個別受到處理。

圖 5-32　抽象化的概念

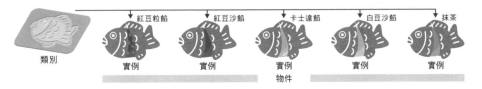

具體的 ←———————————————————→ 抽象的

圖 5-33　類別與實例

	紅豆粒餡	紅豆沙餡	卡士達餡	白豆沙餡	抹茶
類別	實例	實例	實例 物件	實例	實例

圖 5-34　從一個類別建立多個實例

```
class Book:
    def __init__(self, title, price):
        self.title = title
        self.price = price
        self.print = 1


def reprint(self):
    self.print += 1
    return '%s : %i 刷' % (self.title, self.print)


security = Book('安全性的機制', 1680)
programming = Book('程式設計的機制', 1780)
print(security.reprint())        ←輸出為「安全性的機制：2刷」
print(security.reprint())        ←輸出為「安全性的機制：3刷」
print(programming.reprint())     ←輸出為「程式設計的機制：2刷」
print(security.reprint())        ←輸出為「安全性的機制：4刷」
print(programming.reprint())     ←輸出為「程式設計的機制：3刷」
```

Point

✎ 類別是設計圖，必須要實體化為實例。

✎ 從一個類別產生多個實例，讓每個實例的資料能分開處理。

» 繼承類別的屬性

重複使用既有的類別

將既有類別的特性擴充後建立新的類別，就是繼承（inheritance）。透過繼承**可以再次使用既有的處理程序，提升開發的效率**。

以先前提過的書籍為例，書與 CD 商品都有名稱、價格資料，其他像是計算消費稅的處理程序應該也是共通的，要是事先建立一個「商品」類別，放入這些共同內容，那麼書與 CD 這兩個類別只要繼承「商品」類別，就能直接套用其內容（圖 5-35）。

繼承後建立新類別

繼承某個類別後所建立的新類別，就稱為子類別或是衍生類別。相反的，受到繼承的類別則稱為父類別、基底類別。以圖 5-35 來說，商品類別就是父類別，書籍與 CD 則為子類別。

子類別不僅具有父類別的特性，**也能賦予它獨有的特性**。此外，將父類別的方法（method）改寫（override），也可能讓子類別展現出完全不同的特性。

繼承多個類別

繼承多個父類別，就稱為多重繼承，這種一來可以擁有多個父類別的特性，看似相當便利，不過若是兩者之間具備相同名稱的方法（method），則**無法判斷要呼叫哪個方法**，這樣的問題就稱為菱形繼承問題（鑽石問題）（圖 5-36）。

也因此，有些程式語言並不允許使用多重繼承。

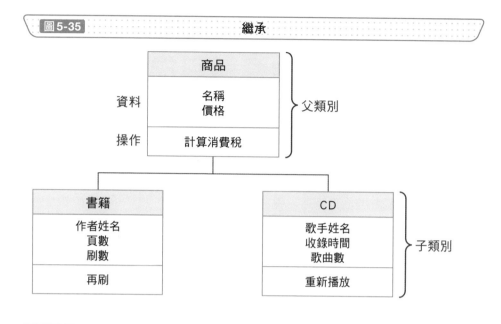

圖 5-35 繼承

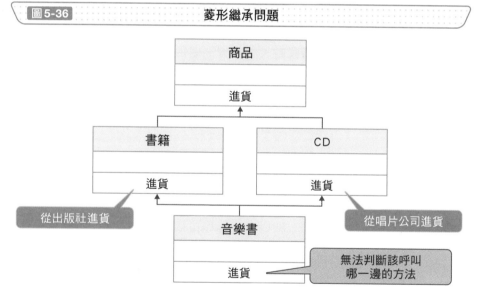

圖 5-36 菱形繼承問題

Point

✎ 繼承並建立子類別，就能使用所繼承的父類別之特性。

✎ 有些程式設計語言為避免菱形繼承問題，並不允許多重繼承。

》 處理構成類別的資料與操作

物件具備的資料與操作

如 **5-15** 說明，類別是由資料與操作所組成，資料稱為欄位與成員變數等，操作則稱為方法與成員函式，此外，每個程式語言所使用的名稱並不相同。

而程序語言中的變數會對應到欄位，函式則對應到方法。程序語言的變數中可以儲存任意值，而物件導向則是**結合欄位與方法後建立類別，存取欄位時則必須透過「方法（method）」**（圖 5-37）。

也就是說，在進行一些操作時，例如「將值儲存到欄位中」、「讀取所儲存的值」，以及「更新所儲存的值」等，可以透過「方法」將儲存值加工之後再輸出，或是避免在欄位中存入不適當的值。

物件的**每個實例所分配到的資料**，就是實例變數，而**同一類別中所有實例共用的相同資料**，就稱為類別變數（圖 5-38）。

相同的，在物件中，實例的所屬方法可以稱為實例方法，類別的所屬方法則稱為類別方法。類別方法不需要產生實例就能使用，也稱為靜態方法。

表示物件屬性的詞彙

有些語言會提供一些方式，以取得或設定欄位值，有時會稱為屬性，而有些語言並沒有特別區分欄位與屬性這兩個詞彙。

例如，C# 的屬性從類別的外部看起來是欄位，不過在類別之內其實是編寫為方法（method）。

圖 5-37 .... 欄位與方法

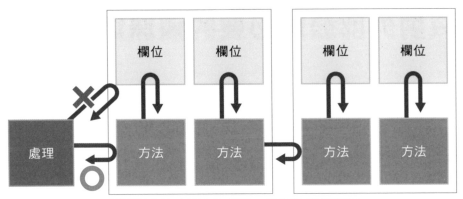

要透過方法才能存取欄位，並無法直接存取

圖 5-38 .... 類別變數與實例變數

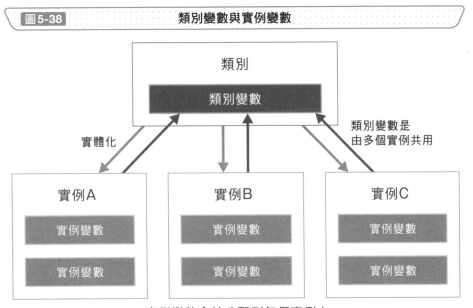

實例變數會被分配到每個實例中

Point

✐ 不直接從外部將值代入欄位中，而是使用方法（method）將資料存入，這樣一來可以避免儲存不適當的值。

✐ 要讀取欄位中儲存的值，也可以使用方法（method）將值加工之後再輸出。

» 只對外部公開必要的資訊與程序

隱藏內部結構

對外隱藏物件的內部結構，就是封裝，封裝的意思是只公開方法（method）等最低限度所需的介面，存取時必須經由該介面（只有事先準備好的方法（method）才能存取內部欄位），這樣一來，程式在使用類別時，就不會知道類別內部的細節（圖 5-39）。

封裝可以**避免不小心存取物件內的欄位**，除此之外，封裝也能設定為**即使改變內部資料結構，也不會影響到呼叫端**。

如果是小型程式，對於封裝效果並不會有太大的感受，但若是多人參與開發的大型程式，他人建立的類別如果經過封裝，就可以放心地使用。

指定可存取的範圍

要實現封裝，必須明確指定可以從外部存取的內容，與只能從內部存取的內容。這時候就要使用存取修飾字，許多物件導向語言都有提供，其用途是**指定類別與子類別中的可存取範圍**，許多語言都備有以下三個存取修飾字（圖 5-40）。

- private：只能從目前的類別內部存取
- protected：只能從類別的內部，或是繼承的子類別存取
- public：可以從全部的類別存取

另外，Python 與 JavaScript 中並沒有類似用法，Python 是使用「_」（底線）來表示，像圖 5-41 一樣，欄位與方法在開頭處排列 2 個底線符號，就會是上述的 private 指定內容。

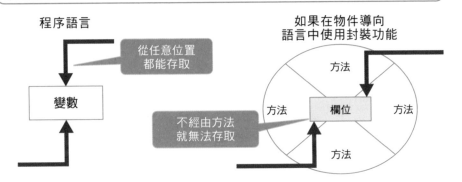

圖 5-39 封裝示意圖

程序語言

變數

從任意位置
都能存取

如果在物件導向
語言中使用封裝功能

方法

方法　欄位　方法

方法

不經由方法
就無法存取

圖 5-40 Java 中的存取修飾字與存取權限

存取修飾字	自己的類別	同一套件	子類別	其他套件
public	可	可	可	可
protected	可	可	可	不可
未指定	可	可	不可	不可
private	可	不可	不可	不可

圖 5-41 **Python** 的封裝功能

```
class User:
    def __init__(self, name, password):
        self.name = name
        self.__password = password

u = User('admin', 'password')
print(u.name)         ←可以存取（輸出「admin」）
print(u.__password) ←無法存取（產生錯誤）
```

Point

✎ 封裝後即使變更內部資料結構，也不需要變更呼叫端。

✎ 以存取修飾字指定可存取範圍，避免他人直接存取類別內的欄位。

》 建立相同名稱的方法

以相同名稱定義多個類別的操作

在程序語言中，若建立多個相同名稱的函式，呼叫時就不知道該叫出哪一個，不過，物件導向語言則能夠以相同名稱定義多個類別的操作。

叫出相同名稱的操作時，會因為物件所產生的類別，能執行不同的操作，這就是多型（Polymorphism）。

舉例來說，假設「書」與「CD」這兩個類別具有繼承關係，並且試著對其定義「計算所需時間」的操作，計算讀完一本書籍與播放一片 CD 各需要多少時間。

這個情況下，可以在各個類別中編寫**名稱相同，但處理內容不同的操作**。如果在不同的類別中建立實例，並分別對其執行「計算所需時間」的處理，結果就會不同（圖 5-42）。

定義操作，以因應類別變更

在物件導向中，類別應具備的操作可以定義為介面，介面只會定義類別可以處理的操作，而實際的操作則交由每個類別來執行。也就是說，介面**只會定義操作，並不會實際執行處理**。

即使不使用介面也可以定義操作，不過使用多個類別時，必須要掌握每個類別分別可以執行什麼樣的操作。

由於具有相同介面的類別會有相同的操作，**類別的使用者能對著介面執行處理**，因此就算類別不同也很容易處理，能夠開發出更易於變更的軟體（圖 5-43）。

圖 5-42　　　　　　　　　　　　　　　　多型

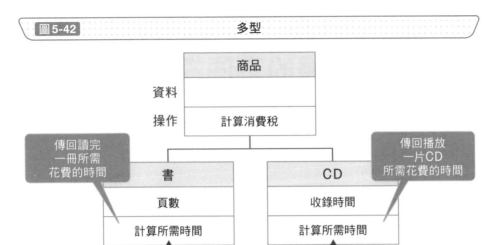

以相同名稱進行不同處理

圖 5-43　　　　　　　　　　　　　　　使用介面的效果

使用一般類別

類別A		類別B

將類別B變更為類別C後，
類別A也會跟著變更

	類別C

使用介面

類別A		類別B

介面

即使將類別B變更為類別C，
也不需要更動類別A

	類別C

Point

🖉 透過多型，能夠以相同名稱執行不同類別中的不同方法（method）。

🖉 使用介面有助於開發出更易於變更的軟體。

第 **5** 章

建立相同名稱的方法

» 物件導向開發的不同模式

統一設計中的表現方法

開發系統時,進行分析與設計的過程中必須製作許多文件,例如規格書等,有時候能以寫文章的方式書寫,不過為了要讓使用端、開發端、或是開發人員間流暢地進行溝通,會需要使用清楚易懂的表現方式。

從以前就有流程圖、ER 圖、DFD 等圖形工具,不過其中並沒有以物件導向概念為基礎的工具,而且格式也並不統一,因此無法正確傳達物件導向的意圖。

於是 **UML**(Unified Modeling Language)出現了,中文稱之為統一塑模語言(圖 5-44),如名稱所示,UML 是用於**避免人和語言所造成的差異而將表示方式統一**。雖然叫做「語言」,不過大部分還是以畫圖為前提,只要能讀懂圖形,每個人都能輕易地對系統開發擁有共同的認知。

集合設計知識的「設計模式」

在物件導向中進行程式設計時,若能使用所提供的類別與函式庫(參考 **6-2**),就能有效提升開發效率,如果設計的不容易重複使用,將導致使用不便,並且要花費許多時間整理原始碼。

設計模式可歸納出開發者經常遇到的問題,以及能解決這些問題的良好設計。設計模式集結了前人的智慧,參考設計模式,**可以讓我們有效率地完成容易重複使用的設計**,著名的例子有「GoF 的設計模式」(圖 5-45)。

如果是熟悉設計模式的技術人員,只要聽到設計模式的名稱,就能理解設計的概要,也能減少溝通成本,這樣一來設計與開發就能更流暢地進行。

圖 5-44 UML 的範例

時序圖
（以時間軸來呈現）

使用個案圖
（以使用者的觀點呈現）

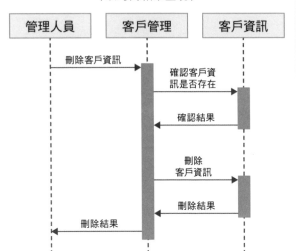

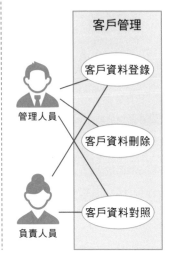

圖 5-45 GoF 的設計模式

結構相關	建構相關	行為相關
· Adapter	· Abstract Factory	· Chain of Responsibility
· Bridge	· Builder	· Command
· Composite	· Factory Method	· Interpreter
· Decorator	· Prototype	· Iterator
· Facade	· Singleton	· Mediator
· Flyweight		· Momento
· Proxy		· Observer
		· State
		· Strategy
		· Template Method
		· Visitor

Point

🖉 使用 UML，可以透過圖形與其他人擁有共同的認知。

🖉 了解著名的設計模式，不僅能實現「良好的設計」，也能讓溝通更順暢。

思考多個物件間的關係

表現實例間的關聯性

在表示多個類別間的關係時，類別間的關係特性會讓表現方式有所不同。

從類別所建立的不同實例，可以透過關聯呈現彼此的關係。關聯用於類別與類別間雙向參考的情況中，呈現方式為在類別之間以線條連接，線條的兩端會像 ER 圖一樣表現出多元性，可以藉此表示出**一個實例能夠連接到幾個類別**（圖 5-46）。

「書本即商品」的繼承關係

繼承類別的概念中，最容易了解的就是一般化，一般化指的是將各種類別與物件的共同特性統一定義在父類別中，一般化是以中空的箭頭來表示（圖 5-47）。

以 **5-16** 繼承範例的書籍與 CD 為例，名稱與價格等同性質的內容就是定義在父類別中（圖 5-35）。繼承可以說是實現一般化的方式之一，這樣的關係經常被稱為 **is-a 的關係（A is a B）**。

「書店所擁有的書」的包含關係

聚合可以表現出「整體」與「部分」的關係，聚合也稱作 **has-a 的關係（A has a B）**，像是「書店所擁有的書」的這種關係。而這種情況下，即使「整體」（書店）消失了，包含於其中的「部分」（書籍）也依然存在，依然可以發揮其功能。

聚合的連結性更為強大時，也可以稱為組合，如果組合是某個類別中的一部分，那麼若是「整體」消失了，「部分」也會失去其功能。

聚合是以菱形呈現出整體的關係（圖 5-48）。

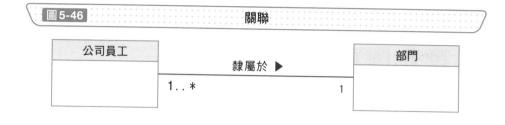

圖 5-46　關聯

公司員工　　　隸屬於 ▶　　　部門

1..*　　　　　　1

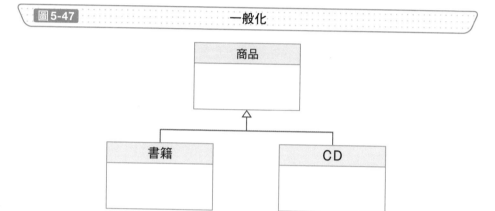

圖 5-47　一般化

商品

書籍　　　　CD

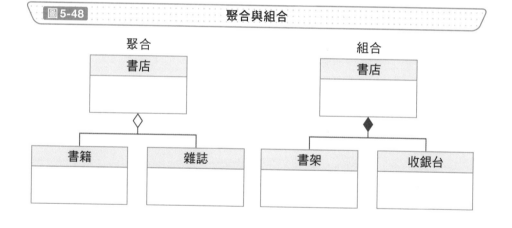

圖 5-48　聚合與組合

聚合　　　　　　　　　　　組合

書店　　　　　　　　　　　書店

書籍　　雜誌　　　　　書架　　收銀台

Point

✎透過呈現關聯性，可以將模組化的對象視覺化，也可以掌握類別在多重性上的限制。

✎一般化是找出共同特性並建立類別，相較於此，聚合是找出整體與部分的關係，呈現出類別間的關係。

統整相關的類別

避免命名衝突

處理一般的文件檔案時，檔案數量一旦增加，我們會分別以不同的資料夾進行管理。相同的，管理許多類別與原始碼時，也會希望將相關內容整合管理。

許多語言都有提供原始碼相關的分類單位，也就是命名空間，**使用命名空間後，就能讓類別名稱不與其他命名空間中的類別產生衝突**，因此命名時就不需要冗長的名稱來加以區別了（圖 5-49）。與資料夾不同的地方在於，命名空間在儲存時結構相當自由。

可以單獨操作的程式單位

模組的概念與命名空間相似，有些語言並沒有命名空間，只有模組功能，此外，可以讓其他程式重複使用的設計，有時也會稱為模組。

一般來說模組指的是可以單獨操作的單位，還有一個意思是另外編寫，讓其他程式可以呼叫，這也可以稱為模組，因此聽到模組時，必須要注意當下指的是什麼意思。

整合管理以便於使用

將多個模組整合管理，就是套件。一般來說讀取套件就能使用套件中包含的所有模組，因此也可以把套件想成是**具備各式功能的便利工具組**（圖 5-50）。

有時候也會進一步整合套件，稱為函式庫（參考 **6-2**）。舉例來說，Python 具有標準函式庫與外部函式庫，若要使用外部函式庫，會需要另外安裝。

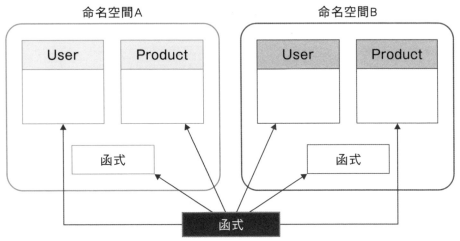

圖 5-49　命名空間

命名空間A

| User | Product |

函式

命名空間B

| User | Product |

函式

函式

只要命名空間不同，就可以使用相同的類別名稱與函式名稱

圖 5-50　模組與套件的關係

函式庫

套件

模組

類別、方法

Point

✐ 使用命名空間可以避免命名衝突。

✐ 透過模組與套件，可以整合管理多個原始碼。

» 解決物件導向中難以處理的問題

專注於原本的處理

物件導向程式語言中的物件結合了資料與操作，執行時會將物件組合，不過定義為單一物件，有時並不容易管理。

常見的例子有日誌的輸出。如果想看方法（method）的日誌，就必須對各個方法個別編寫敘述，然而，取得日誌並不是方法（method）的原始目的。這樣的敘述一旦太多，將會降低原始碼的可讀性。

在原本處理敘述之外，需要加入的共通敘述就稱為橫切關注點，而將橫切關注點獨立分離出來的方法就稱為 **AOP**（剖面導向程式語言）。

使用 AOP，**就可以在不變更原始碼的情況下，加入所需的處理敘述**（圖 5-51）。

易於測試且可彈性應對的設計

若某個類別內所使用的變數與其他類別相依，在測試時就必須準備其相依的類別。此外，將所使用的類別變更為其他類別時，也必須修改與其有關的類別。

不過，執行程式時若**將相依的類別改為從外部傳入**，就可以消除類別間的相依關係，使用虛擬的類別，就能夠簡單地進行測試。若要變更所使用的類別，也不需要更動其他類別，可以最小限度將程式修改完成。

這種從外部將類別傳入的方式，就稱為 **DI**（Dependency Injection），中文是相依性注入（圖 5-52），注入時，可以作為建構子的參數傳入，或是作為任意方法（method）的引數注入。此外，在應用程式中，提供 DI 功能的框架（參考 **6-2**），就稱為 DI Container。

圖 5-51 AOP（剖面導向程式設計）

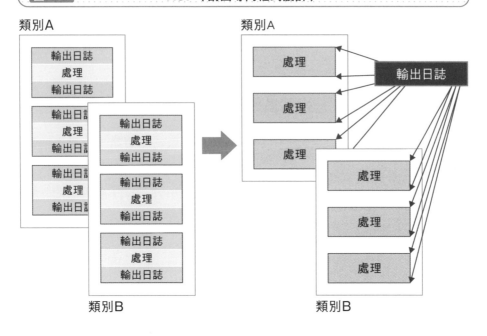

圖 5-52 DI

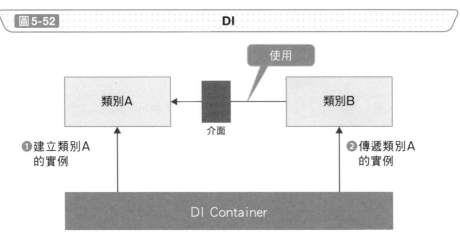

Point

🖋 藉由剖面導向，將不屬於原本處理程序的原始碼分離，這樣一來就能專注於編寫想要實現的處理。

🖋 使用 DI 的概念，將類別的實例傳遞至使用端，就能在變更規格時降低修改所帶來的負擔。

» 客戶與開發者使用共通的語言

所有開發人員共享相關知識

開發軟體的目的其實是「解決某個課題」，希望透過軟體實現的業務領域，就稱為領域（domain），設計時，我們必須思考如何才能透過軟體將其實現。

只是，許多的軟體開發現場中，開發人員與客戶各自都使用專業術語說明，或是為了方便開發，而進行部分修改，這時候可能會發生一種情況，客戶無法理解系統內容，而開發人員也無法正確掌握客戶的業務。

客戶與開發人員在進行系統設計時，如果能擁有共同的語言，不僅能加深彼此的理解，**還能更容易實現所需功能，提升開發速度。**

因此我們可以將雙方都能理解的共同語言模組化，這就是領域模型。直接將領域模型編寫為程式碼，這種設計方法就稱為 **DDD**（Domain-Driven Design），中文則稱為領域驅動設計。

例如，一直以來商品名稱都是使用字串型別，金額則使用整數型別，這些都是程式設計語言提供的標準型別，只是，使用這些型別還是可能存入不適當的值，因此我們可以建立商品名稱類別與金額類別等 **Value Object**，將商品名稱與金額封裝後，就能將影響降到最低，讓語言與程式碼一致（圖 5-53）。

開發時，設計人員會先設計系統整體，再以事先製作的規格書設計細部規格，如果是不具業務知識的程式設計師來開發，就會像在傳話一樣，無法迅速解決商務層面的問題。

因此，DDD 是以領域模型為核心，**將領域模型與程式碼結為一體並反覆進化**（圖 5-54）。為了實現這一點，需要建立彈性因應的制度，因此，一般來說除了以物件導向來設計之外，也會以敏捷軟體開發的模式進行。

圖 5-53 以 Value Object 模組化

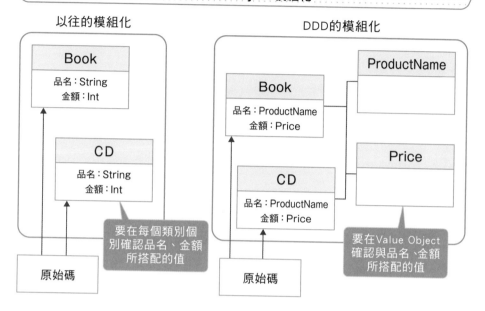

以往的模組化

DDD的模組化

要在每個類別個別確認品名、金額所搭配的值

要在Value Object確認與品名、金額所搭配的值

圖 5-54 抽出業務知識等領域（domain）

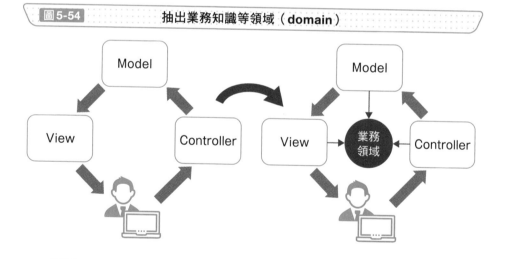

Point

   領域驅動設計是將業務中會出現的詞彙（想做的、想達成的、想知道的事）作為類別名稱、方法（method）名稱，讓客戶與開發人員能以共同語言溝通。

   除了物件導向的概念之外，敏捷的開發模式也是必要的。

第 5 章 客戶與開發者使用共通的語言

» 物件的初始化與釋放

產生實例時一定要呼叫的「建構子」

假設在物件導向程式設計中,從類別產生實例時,有一個必須得執行的處理,這時候就要使用建構子,在產生實例的當下,一定會執行一次建構子(圖5-55)。

能以建構子執行的處理有「保留空間給實例中所使用的資料」,以及「將需要的變數初始化」等。

建構子會**在實例產生時自動被叫出**,因此程式設計師不需要明確下達呼叫的指令。

此外,建構子還有一個特徵,那就是沒有指定回傳值,由於建構子是不將值傳回的函式,因此無法傳回處理結果。如果建構子內執行處理的過程中,發生了無法避免的問題,那麼就可以使用例外等方法處理。

刪除實例時一定要呼叫的「解構子」

產生實例時會呼叫建構子,相對的,編寫刪除實例所必須執行的處理,就需要解構子,在刪除實例的當下,一定會執行一次解構子。

能以解構子執行的處理有釋放實例中的動態記憶體空間等。

由於解構子**也會在刪除實例時自動被叫出**,因此程式設計師並不需要明確下達呼叫的指令。

而解構子與建構子一樣都不會傳回值,因此在編寫時必須注意,不要編寫出可能發生錯誤的處理。

圖 5-55　建構子與解構子

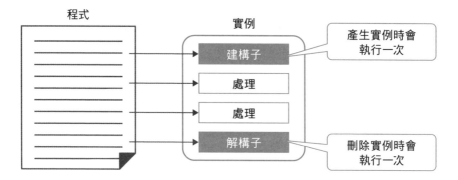

圖 5-56　建構子與解構子的編寫範例（Python）

> | **product.py**

```python
class Product:
    def __init__(self, name, price): # 建構子
        self.__name = name
        self.__price = price
        print('constructor')

    def __del__(self):              # 解構子
        print('destructor')

    def get_price(self, count):
        return self.__price * count

# 產生時會自動叫出建構子
product = Product('book', 100)
print(product.get_price(3))
# 刪除時會自動叫出解構子
```

Point

⌕ 建構子與解構子分別會在產生與刪除實例時被叫出，因此程式設計師不需要明確下達呼叫的指令。

⌕ 以建構子保留，並以解構子釋放實例中所使用的記憶體空間，是常用的方法。

第 5 章　物件的初始化與釋放

≫ 管理開發進度

將大專案切割為小任務

在系統開發現場，會需要管理專案的進度，如果是大型的專案，很難一次掌握整體的情況，因此會切割為小單位後再行管理。

切割後的單位稱為任務，而切割為任務後再個別管理的方法中，常用的有 **WBS**（Work Breakdown Structure），而 WBS 是將每個流程**切割為大、中、小，並以樹狀結構排列**。有時候甘特圖（工作時程表）也會被稱為 WBS，甘特圖中會記錄各個任務的開始時間，分配負責人，再依照時間排序（圖 5-57）。

以成本管理進度

WBS 是管理時間，而也有另一種方法是以成本作為判斷依據，那就是 **EVM**（Earned Value Management）。舉個例子，假設有一位工程師，人月單價是 100 萬日圓（5 萬日圓／人日），他花了四天時間完成某項任務。

如果這四天他都專注於一項任務，算出來的成本就是 5 x 4 = 20 萬日圓。但是如果他同時有其他任務，這次的任務他每天只花了一半的工作時數，那麼成本就會是 5 x 4 ÷ 2 = 10 萬日圓。

這樣的做法不僅是單純計算任務是否如期完成，也能夠意識到開發所需成本並予以管理。

EVM 是以 **EV、PV、AC、BAC 這四個指標進行管理，並分別呈現為圖表**，從圖表能夠判斷作業進度是否延遲，以及是否超出成本。如圖 5-58 就能夠看出，到中途作業進度雖然符合預期，不過持續付出成本下，進度卻開始變慢了。此外，若是 EV 低於 PV，就可以藉由查詢兩者達到相同金額的時間差距，以預測完成的時程。

圖 5-57 WBS 與甘特圖的範例

大項目	中項目	小項目	負責人	開始日期	結束日期	工數	1	2	3	4	5	6	7	8	9	10	11	12	13	14	...
規格定義	○×系統	設計規格書製作	A	4月1日	4月5日	5人日															
		設計規格書審查	B	4月8日	4月10日	3人日															
	□△系統	設計規格書製作	C	4月1日	4月3日	3人日															
		設計規格書審查	B	4月4日	4月5日	2人日															
設計	○×系統	架構設計	D	4月11日	4月17日	5人日															
		架構設計審查	E	4月18日	4月19日	2人日															
		詳細設計	F	4月22日	4月30日	7人日															
		詳細設計審查	E	5月1日	5月2日	2人日															
	□△系統	...	...	...	...	...															
開發	○×系統	XXX畫面製作	G	5月6日	5月10日	5人日															
		YYY畫面製作	G	5月13日	5月17日	5人日															
		ZZZ畫面製作	G	5月20日	5月24日	5人日															
		...	...	...	...	...															

WBS　　　　甘特圖

圖 5-58 EVM 範例

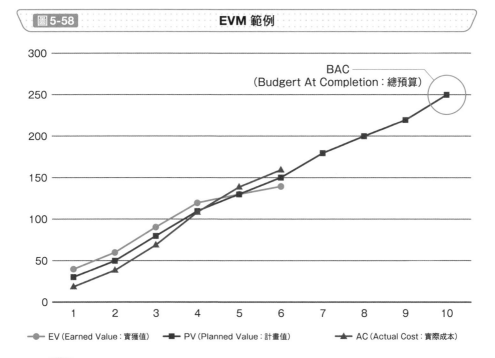

EV（Earned Value：實獲值）　　PV（Planned Value：計畫值）　　AC（Actual Cost：實際成本）

BAC
（Budgert At Completion：總預算）

Point

- 製作 WBS 可以讓應執行的任務更加明確，並讓我們能夠管理時程與分配工作。
- 使用 EVM 讓我們能夠客觀地掌握專案的進展情況，提升工作計畫的精密度。

小 試 身 手

在第 4 章的「小試身手」中，我們僅對一個 ISBN 計算並確認檢查碼，不過，這並不代表我們能對其他 ISBN 計算出同樣正確的結果。

因此，就讓我們將第 4 章「小試身手」中製作的 check_digit 程式製作成單元測試程式吧。Python 提供了 unittest 這個標準模組，用於單元測試，讓我們使用這個功能編寫測試碼，執行自動測試吧。

使用 unittest 模組，要在開頭先匯入 unittest，接著再建立一個類別，繼承 unittest.TestCase 類別，並於其中編寫測試案例。這裡我們要建立的是 TestCheckDigit 類別，最後再呼叫 unittest.main() 的方法（method）。

> | **test_check_digit.py**

```python
import unittest
from check_digit import check_digit

class TestCheckDigit(unittest.TestCase):
    def test_check_digit(self):
        self.assertEqual(7, check_digit('9784798157207'))
        self.assertEqual(6, check_digit('9784798160016'))
        self.assertEqual(0, check_digit('9784798141770'))
        self.assertEqual(6, check_digit('9784798142456'))
        self.assertEqual(2, check_digit('9784798153612'))
        self.assertEqual(4, check_digit('9784798148564'))
        self.assertEqual(9, check_digit('9784798163239'))

if __name__ == "__main__":
    unittest.main()
```

執行這個程式後就會顯示測試結果，如果有與結果不一致的內容，就表示測試失敗。這時候請修改 check_digit 的程式，確認測試結果會如何改變。

Web技術與安全性

～瞭解網路應用程式背後的技術～

第 **6** 章

» 瞭解 Web 的基礎概念

編寫時以標籤括起顯示內容的 HTML

HTML（HyperText Markup Language）是用來編寫網頁的語言，網頁瀏覽器在顯示網頁時格式會受到指定，例如「從某個網頁連結另一個網頁」，或是「在網頁嵌入圖片、影像、聲音」等，而 HTML 的特色則是能夠以文字格式呈現指定內容。

HTML 是透過標題、段落、表格、列表等元素構成網頁。指定元素時則要使用標籤，起始標籤與結束標籤不僅用於將元素的敘述括起以標示範圍，**在起始標籤中甚至可以設定該元素的屬性與值**。

舉例來說，如果以網頁瀏覽器打開如圖 6-1 ❶ 的 HTML 檔，就會呈現出如圖 6-1 ❷ 的網頁，而這個 HTML 檔的內容結構是如圖 6-2 般的階層結構。

使用網頁伺服器點擊連結，或是輸入 URL 時，網頁伺服器會反覆從網路伺服器取得 HTML 檔，並顯示於網頁瀏覽器。

瀏覽網站所使用的協定

HTTP（HyperText Transfer Protocol）是一種協定，用於網頁瀏覽器與網路伺服器之間檔案內容的交流。除了 HTML 檔之外，對於圖像檔、影片檔、JavaScript 程式，以及負責設計的 CSS 檔案等，HTTP 也制定了傳送方法。

從**網頁瀏覽器傳送的 HTTP 請求**，以及**網路伺服器因此而傳送的 HTTP 回應**，讓檔案得以傳送。HTTP 請求會提供檔案的取得方法及檔案相關資訊，HTTP 回應則會傳回顯示處理結果的 HTTP 狀態碼，以及回應內容（圖 6-3）。

圖 6-1 **HTML 檔範例**

❶HTML檔

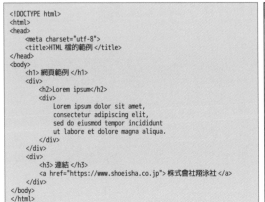

```
<!DOCTYPE html>
<html>
<head>
    <meta charset="utf-8">
    <title>HTML 檔的範例 </title>
</head>
<body>
    <h1> 網頁範例 </h1>
    <div>
        <h2>Lorem ipsum</h2>
        <div>
            Lorem ipsum dolor sit amet,
            consectetur adipiscing elit,
            sed do eiusmod tempor incididunt
            ut labore et dolore magna aliqua.
        </div>
    </div>
    <div>
        <h3> 連結 </h3>
        <a href="https://www.shoeisha.co.jp"> 株式會社翔泳社 </a>
    </div>
</body>
</html>
```

❷網頁瀏覽器上的顯示結果

圖 6-2　**HTML 的階層結構**

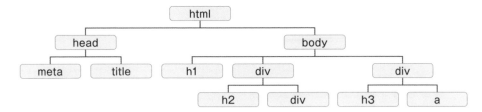

圖 6-3　**具代表性的狀態碼**

狀態碼	內容
1XX	資訊（處理中）
2XX	成功（已受理）
3XX	重新導向
4XX	用戶端錯誤
5XX	伺服器端錯誤

狀態碼	內容
200（OK）	順利處理完成
301（Moved Permanently）	要求的檔案已經永久改變網址
401（Unauthorized）	需要認證
403（Forbidden）	拒絕要求
404（Not Found）	找不到檔案
500（Internal Server Error）	伺服器錯誤導致程式無法運作
503（Service Unavailable）	網路伺服器超載，無法完成處理

Point

✎ 在網頁瀏覽器中打開以 HTML 製作的網頁，會於調整網頁格式後才顯示。

✎ HTTP 用於網頁瀏覽器與網路伺服器之間的交流。

第 6 章　瞭解 Web 的基礎概念

» 軟體開發所需功能的集合體

聚集所有方便功能的「函式庫」

函式庫聚集了許多程式共通的方便功能（圖 6-4），例如傳送郵件與記錄日誌、數學函式與圖像處理、檔案的讀取與儲存等。

只要使用函式庫，**不需要從零開始撰寫程式碼，就能實現所需功能**。只要準備函式庫，就能在多個程式間共有，這也有助於有效運用記憶體與硬碟空間。

DLL（Dynamic Link Library）這種方式會在程式執行時連結函式庫，若使用 DLL，只要更新函式庫就可以更新程式功能。

整合並提供開發所需的資料

除了函式庫與介面外，還有 **SDK**（軟體開發工具包，Software Development Kit），**裡面包含了程式碼範例與文件等**。程式語言與作業系統等的開發商、販賣商會將 SDK 提供給開發該系統軟體的開發人員。

藉由提供 SDK 給開發人員使用，一旦開發出優良的軟體，系統就會普及，使用者也會提升。

軟體的基礎架構

將許多軟體都會使用的**一般性功能整合，建立成一個「基礎架構」**，這就是框架，開發人員會以這個架構為基礎，編寫不同的功能，藉此提升開發效率。

函式庫必須收到開發人員的指示才會運作，不過，若是使用框架，即使沒有編寫處理程序，也可以實現一定程度的功能（圖 6-5）。當然，呼叫函式庫就可以加入自訂的功能。

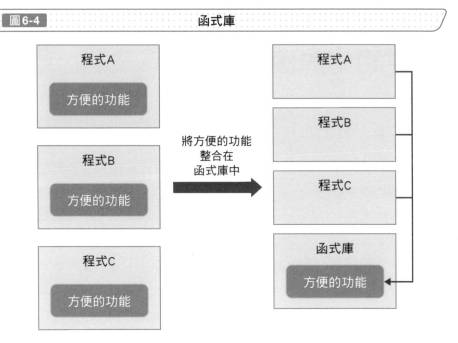

圖6-4 函式庫

將方便的功能
整合在
函式庫中

圖6-5 框架與函式庫的差異

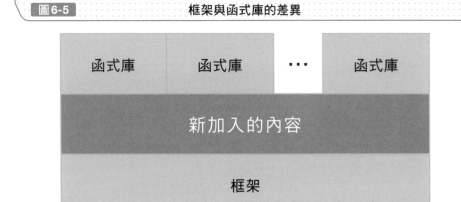

Point

✐ 使用函式庫除了簡單就能使用方便功能外,也能有效運用記憶體與硬
碟的空間。

✐ 使用框架就可以直接運用許多軟體所使用的架構。

》 變更網站的設計

指定 HTML 元素的設計

HTML 記錄著文章的結構，但並不包含設計相關資訊，而 **CSS**（Cascading Style Sheets）則用於指定 HTML 文章的設計樣式。由於 CSS 決定網頁的風格，因此也稱為樣式表。

透過 CSS 設定背景、文字顏色，以及調整元素的配置等，就能讓一個 HTML 檔的外觀大不相同。CSS 的內容雖然也可以編寫在 HTML 檔之中，不過通常會為了將結構與設計（外觀）分離，而使用不同的檔案編寫，製作為不同的檔案，讓我們**能夠一次設定多個 HTML 檔的設計風格**（圖 6-6）。

CSS 是由 selector、屬性、屬性值所組成，假如寫下「h1{font-size: 20px;}」，那麼 h1 就是 selector，font-size 是屬性、20px 則是屬性值，意思是將 h1 標籤的字型大小設定為 20px。

輕鬆完成好看的設計

使用 CSS 可以將網頁設計得很漂亮，不過初學者要讓整體的設計協調並不容易，這時候可以使用 **CSS 框架**，不必從零開始，**就能夠輕易使用按鈕與表單等設計**。圖 6-7 就是相當具代表性的 CSS 框架。

最近響應式設計則有增加的趨勢，只要一份原始碼，無論是網頁或手機都能呈現出漂亮的網頁。

使用 CSS 框架能有效率地完成網頁設計，除了方便之外，可維護性也會提升。不過，如果其他網頁也使用同樣的 CSS 框架，會導致網頁風格相當相似，難以展現原創的特色。

圖 6-6　結合 HTML 檔與 CSS，就能製作網頁

woman.html

```
<!DOCTYPE html>
<html>
    <head>
        <meta charset="utf-8">
        <title> 顯示女性的圖案 </title>
        <link rel="stylesheet" href="woman.css">
    </head>
    <body>
        <h1> 在電腦上打字的女性 </h1>
        <img src="woman.png" alt=" 女性 ">
    </body>
</html>
```

woman.css

```
body {
    margin: 0px 10px;
}
h1 {
    border-left: 1em solid #ff00ff;
    border-bottom: 1px solid #ff00ff;
}
```

woman.png

圖 6-7　常用的 CSS 框架

名稱	特徵
Bootstrap	功能豐富，是標準的 CSS 框架
Semantic UI	提供許多主題，較能展現原創性
Bulma	簡單易學，因此極受歡迎
Materiarize	遵循 Google 所提倡的質感設計
Foundation	日文資料較少，不過與 Bootstrap 一樣具備豐富的功能
Pure	Yahoo! 開發的超輕量框架
Tailwind CSS	只要在 HTML 的元素中加入類別，就能將設計客製化
Skeleton	只提供最少所需風格的框架

Point

✎藉由將 HTML 與 CSS 分離，就能分開管理結構與設計。

✎使用 CSS 框架，就能簡單完成漂亮的設計。

» 辨識相同的使用者

辨識同一設備之存取要求的技術

使用 HTTP 存取網路伺服器時，會反覆進行頁面切換與頁面讀取等通訊作業，而兩者的通訊作業是分開的。這樣一來就不需要伺服器端對個別裝置的狀態進行管理，也可以降低伺服器的負荷。

另一方面，**伺服器端也無法辨識存取要求是否來自同一裝置**，因此在架設購物網站等情境下，就必須採取一些方法來管理。

這時候會使用 Cookie 的機制（圖 6-8），網路伺服器不僅會傳回要求的內容，還會將產生的 Cookie 一併傳送，網頁瀏覽器會儲存 Cookie，並且之後每次存取網路伺服器時，都會從網頁瀏覽器傳送 Cookie。網路伺服器端則會藉由**確認 Cookie 內容，比較 Cookie 內容與之前所儲存的資訊**，這樣一來就能辨識是否為同一裝置的存取要求。

管理同一使用者的存取

Cookie 可以傳送各式資訊，不過若是個人資訊，每次傳送會有安全性的問題，通訊量也會過多。一般來說只要傳送 ID，伺服器端就會管理這個 ID，藉此辨識每一個通訊，而這種辨識同一使用者的機制就稱為 **Session**，而使用的 ID 就稱為 Session ID。

除了 Cookie 之外，也有其他能使用 Session 的方法，例如圖 6-9 中，在 URL 加上 ID 後再存取的方法，以及使用表單隱藏欄位的方法。

若使用有規則性的 Session ID，**可能會輕易遭到他人盜用**，因此需要費點心思使用隨機值，或是進行加密。

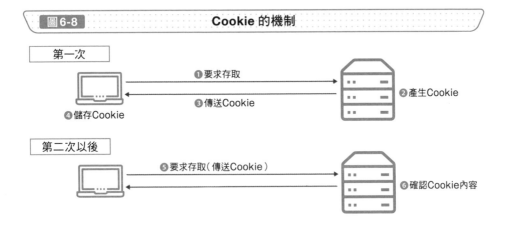

圖6-8 Cookie 的機制

第一次

❶要求存取

❷產生Cookie

❸傳送Cookie

❹儲存Cookie

第二次以後

❺要求存取（傳送Cookie）

❻確認Cookie內容

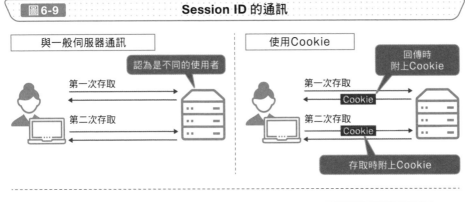

圖6-9 Session ID 的通訊

與一般伺服器通訊

認為是不同的使用者

第一次存取

第二次存取

使用Cookie

回傳時附上Cookie

第一次存取
Cookie

第二次存取
Cookie

存取時附上Cookie

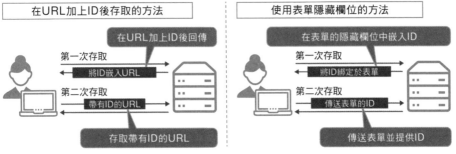

在URL加上ID後存取的方法

在URL加上ID後回傳

第一次存取
將ID嵌入URL

第二次存取
帶有ID的URL

存取帶有ID的URL

使用表單隱藏欄位的方法

在表單的隱藏欄位中嵌入ID

第一次存取
將ID綁定於表單

第二次存取
傳送表單的ID

傳送表單並提供ID

Point

✎網頁瀏覽器使用 HTTP 通訊，如果要在網路伺服器端確認是否為同一使用者，就要使用 Cookie。

✎要辨識是否為同一使用者，除了 Cookie 之外也有各種方式，不過需注意避免遭到盜用。

» 在網路上提供服務

對不同使用者顯示不同內容

像企業網站一樣，無論使用者何時存取**顯示的內容都相同**，這就是靜態網站。相對的，使用者可以發布文章，或是會**依據登入身分改變顯示內容的網站**，就是動態網站（圖 6-10）。

像是搜尋引擎、SNS、購物網站等都屬於動態網站，要產生動態網站，就必須在網路伺服器上執行程式，而這種在網路伺服器上運作，並**傳回 HTML 等結果的程式**，就是網路應用程式。

動態網站會因應存取對象變更顯示內容，因此相較於靜態網站，網路伺服器的負載更大。此外，一旦有漏洞，就可能產生資訊洩漏、病毒感染、盜用等風險，因此架設動態網站必須注意安全性的問題。

與網路應用程式的介面

開發網路應用程式經常會使用 PHP、Ruby、Python、Java 等程式語言，要運作這些語言所寫的網路應用程式，可以使用 **CGI**（Common Gateway Interface）這個從以前就使用至今的方法。

CGI 是一個介面，用途是從網路伺服器執行程式，它可以**從靜態網站呼叫動態網站**，只不過每次都必須啟動程序（process），因此會花上一點時間。

而最近的趨勢則如圖 6-11 所示，是透過網路伺服器中的程序（process）執行網路應用程式，這樣一來，就能以較快的速度執行，伺服器的負擔也較低。

圖 6-10　網路應用程式的特徵

靜態網站　　　　　　　　　動態網站、網路應用程式

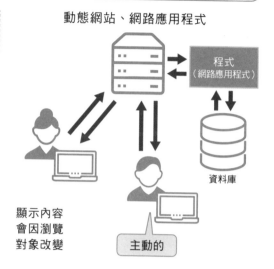

資料庫

網頁內容
不因瀏覽
對象改變

被動的

顯示內容
會因瀏覽
對象改變

主動的

圖 6-11　CGI 與伺服器內程序的差異

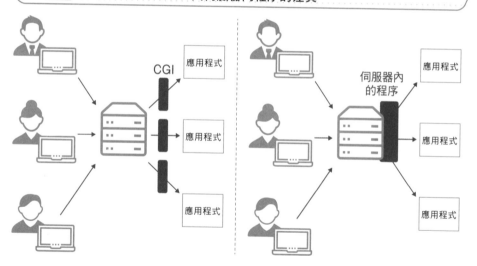

Point

✎靜態網站無論瀏覽對象是誰，所顯示的內容都相同，相對的，動態網站則會依據使用者的輸入內容等改變顯示內容。

✎執行網路應用程式時，以往常會使用 CGI，不過最近的趨勢是使用網路伺服器中的程序執行。

≫ 切割 GUI 應用程式的功能

依照功能切割原始碼

開發 GUI 應用程式，例如網路應用程式與桌面應用程式等，經常會需要變更設計，如果是小程式，把輸入處理、資料儲存、輸出都寫為一段原始碼，也幾乎不會造成什麼問題。

不過，程式的規模變大之後，就會有許多人參與開發，包含開發與設計人員等，這種情況下如果以一筆原始碼來管理，設計人員即使只是想要稍微修改設計，也必須連帶修正原始碼中與變更資料有關的部分。

此外，程式設計師就算只是更改處理內容，也可能會影響設計，為了避免這種情況，經常會將原始碼**分為 Model（模型）、View（視圖）、Controller（控制器）來進行開發**，這種方式稱為 **MVC**，取自其字首（圖 6-12）。

依照 MVC 進行開發的框架，就稱為 MVC 框架，網路應用程式中的 MVC 框架則有 Ruby 的 Ruby on Rails、PHP 的 Laravel 與 CakePHP 等。

MVVM 與 MVP

最近則出現雙向傳輸資料的需求，例如「希望改寫某畫面上的項目之後能夠即時反應」，或是「希望更改資料庫中的儲存內容後，畫面上也會顯示資料」等。

要達成這個需求，可以使用 View Model 的概念，View Model 會**將 Model 與 View 中的更新資料反映到另一方**，如同圖 6-13 一樣，它扮演串連 View 與 Model 的角色，並取每個單字的字首命名為 **MVVM**。

也有其他的設計模式，例如 MVP 等（圖 6-14）。

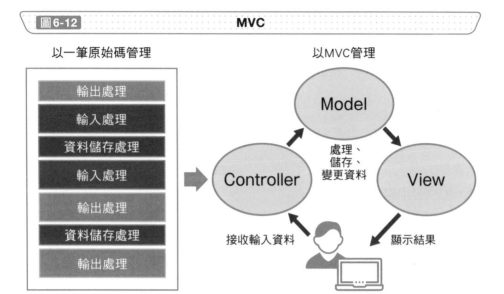

圖 6-12　　　　　　　　　　　MVC

以一筆原始碼管理

| 輸出處理 |
| 輸入處理 |
| 資料儲存處理 |
| 輸入處理 |
| 輸出處理 |
| 資料儲存處理 |
| 輸出處理 |

以MVC管理

Model

Controller

處理、
儲存、
變更資料

View

接收輸入資料　　　　　　顯示結果

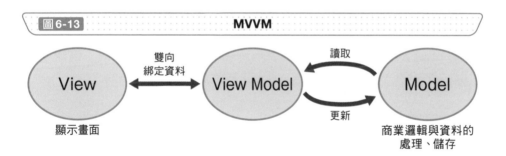

圖 6-13　　　　　　　　　　　MVVM

View
顯示畫面

雙向
綁定資料

View Model

讀取

更新

Model
商業邏輯與資料的
處理、儲存

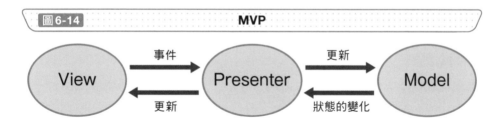

圖 6-14　　　　　　　　　　　MVP

View

事件

更新

Presenter

更新

狀態的變化

Model

Point

⟋開發網路應用程式時，使用 MVC 等設計模式，可以讓開發的分工更明
確，並提升開發效率。

⟋MVVM 與 MVP 和 MVC 一樣，都是以功能來區分。

》 對 HTML 的元素進行操作

以樹狀結構從程式對 HTML 的元素進行操作

　　網路應用程式除了在網路伺服器端外，也會在網頁瀏覽器端執行處理，例如，「在傳送之前確認表單中的輸入內容」，以及「動態增減項目的數量」等。

　　可以在網頁瀏覽器上執行的程式語言有 JavaScript，而且許多網頁瀏覽器都可以支援。如果要對 HTML 的元素進行操作，就需要可以處理 HTML 結構的 API（應用程式介面），而 **DOM**（Document Object Model）就可以做到這點。

　　使用 DOM 之後，就能如圖 6-15 一樣，以樹狀結構處理 HTML 等文件。如果要動態修改網頁瀏覽器的顯示內容，就必須更改 HTML 的元素與屬性，因此就有了圖 6-15 這種方法，依序存取各元素的相鄰元素。

　　JavaScript 則是內建了這種函式，不僅能簡單操作 DOM，**還能以操作 JavaScript 物件的方式操作元素、屬性、文字等**，實現互動式的操作。

與網路伺服器進行非同步通訊

　　存取網站時，通常會點擊頁面內的連結切換頁面，就會讀取網頁整體並顯示，不過如果只要更新網頁的部分內容時，這麼做反而會增加多餘的負擔。

　　這時候可以透過 **Ajax**（Asynchronous JavaScript + XML）的方式，執行操作時無須切換頁面，可以與網路伺服器非同步進行 HTTP 通訊，動態更新網頁內容（圖 6-16）。

　　「非同步」是一大重點，**在與伺服器通訊的期間，使用者可以操作頁面中的其他部分**。有些 Ajax 在切換頁面時甚至不需要讀取頁面的等待時間。

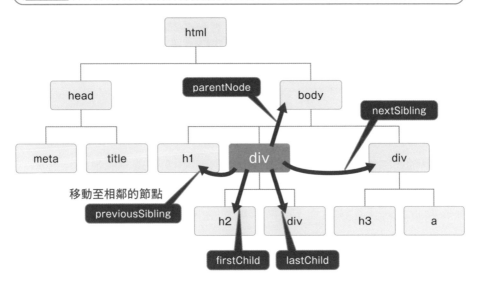

圖6-15　**HTML** 的結構與 **DOM** 中的移動操作

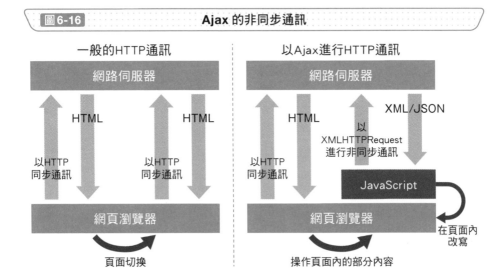

圖6-16　**Ajax** 的非同步通訊

Point

✎在網頁瀏覽器上操作 HTML 的元素時，經常會使用 JavaScript 中的
DOM。

✎與網路伺服器進行非同步通訊，動態更新網頁內容的方法稱為 Ajax，
透過 Ajax 可以提升使用者體驗。

» 在網頁瀏覽器簡單執行動態控制

幾行就能編寫完成，提升開發效率的 jQuery

JavaScript 是常用的語言，為了提升開發效率，越來越常與函式庫、框架搭配使用，其中歷史較久的函式庫有 **jQuery**，有些處理單以 JavaScript 書寫，篇幅會變得很長，不過**使用 jQuery 後，經常只要幾行就能編寫完成**（圖 6-17）。

像是 Ajax 這種不切換頁面下非同步與網路伺服器通訊，更新部分頁面的處理程序，如果運用 jQuery 將會大幅提升開發效率。

使用虛擬 DOM 的 React、Vue.js

在網頁瀏覽器的處理程序中，使用 DOM 操作 HTML 的元素相當常見，一旦處理變得複雜，管理也更加麻煩，這種情況下可以使用虛擬 **DOM**，它是一種**使用虛擬記憶體空間高速對 HTML 元素進行操作的方式**，例如 React 與 Vue.js 等（圖 6-18）。

React 是由 Facebook 所開發的函式庫，經常運用於大型的應用程式，除了網路應用程式外，也有像是 React Native 等能夠開發手機應用程式的函式庫，越來越受歡迎。

此外，Vue.js 也頗受青睞，除了可以在網路上找到很多資料，容易學習之外，它也是個很容易操作的簡易框架，因此能夠逐步導入到既有的專案中，另外，Nuxt.js 運用了 Vue.js，目前也備受矚目。

受歡迎的框架與函式庫

TypeScript 是由 JavaScript 擴展而來，而 Angular 則是使用 TypeScript 語言的框架，由 Google 所開發，運用於許多網路應用程式中。

而進行小規模的程式開發時，也可以使用 Riot，它是一種簡單且簡易的函式庫，因此備受矚目，Riot 的學習成本也很低，很容易就能導入。

圖6-17　使用框架與函式庫的效果（例：**jQuery**）

```javascript
let button = document.getElementById('btn')
button.onclick = function(){
    let req = new XMLHttpRequest()
    req.onreadystatechange = function() {
        let result = document.getElementById('result')
        if (req.readyState == 4) {
            if (req.status == 200) {
                result.innerHTML = req.responseText
            }
        }
    }
    req.open('GET', 'sample.php', true)
    req.send(null)
}
```

使用jQuery之後

```javascript
$('#btn').on('click', function(){
    $.ajax({
        url: 'sample.php' ,
        type: 'GET'
    }).done(function(data) {
        $('#result').text(data)
    })
})
```

圖6-18　比較特徵的差異

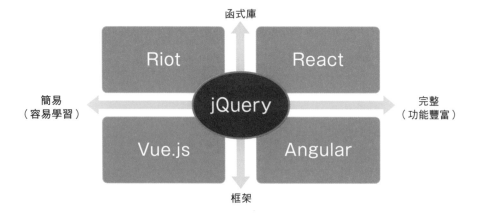

Point

- 使用 JavaScript 的框架與函式庫，可以簡單、方便地編寫網頁瀏覽器上所執行的處理。
- 最近比 jQuery 更方便的框架與函式庫備受青睞。

207

» 網路上經常使用的資料格式

像 HTML 一樣以標籤括起的表示方式

將資料以文字格式儲存的方法中，常見的格式有 **CSV**（Comma Separated Value），由於只需要使用逗點分隔，在電子試算表上處理資料相當容易，不過除了能在標題列中指定欄位名稱之外，並不具有資料結構的相關資訊。

為了解決這個問題，人們開始構思在程式中易於處理的資料結構，例如 **XML**（eXtensible Markup Language），它與 HTML 類似，都是以標籤來呈現，**除了標籤名稱之外也可以透過屬性呈現**，不僅能用於儲存資料，也經常用於編寫設定檔中的文字（圖 6-19）。

在程式中也容易處理的表示方式

XML 雖然方便，不過它需要透過起始標籤與結束標籤來標示，編寫的文字量一旦變多，易讀性就會降低，而最近則越來越常使用 **JSON**（JavaScript Object Notation）這種簡單的編寫方式。

從名稱可以看出 JSON 是在 JavaScript 中使用的格式，**可以直接作為 JavaScript 的物件使用**。最近也有越來越多程式語言都能輕易地使用 JSON 格式，因此在很多程式都受到使用。

使用縮排的表示方式

還有一種與 JSON 類似的格式——YAML（YAML Ain't a Markup Language），相較於 XML 在編寫上更簡單，由於它**使用縮排呈現階層**，因此視覺上清楚明瞭，也容易記憶。

JSON 並無法寫註解，而 YAML 可以，因此用於設定檔與日誌等檔案相當方便。由於 YAML 只是格式，因此還會需要執行處理的函式庫。

而 lint 等工具則用於檢查資料格式是否正確（圖 6-20）。

圖 6-19 ‥‥‥‥‥‥‥‥‥‥‥‥‥ 資料格式的比較

CSV格式範例

```
標題,金額,出版社
圖解安全性的機制,1680,株式會社翔泳社
IT用語圖鑑,1800,株式會社翔泳社
...
```

XML格式範例

```
<?xml version="1.0"?>
<books>
    <book>
        <標題>圖解安全性的機制</標題>
        <金額>1680</金額>
        <出版社>株式會社翔泳社</出版社>
    </book>
    <book>
        <標題>IT用語圖鑑</標題>
        <金額>1800</金額>
        <出版社>株式會社翔泳社</出版社>
    </book>
...

</books>
```

JSON格式範例

```
[
    {
        "標題": "圖解安全性的機制",
        "金額": 1680,
        "出版社": "株式會社翔泳社"
    },
    {
        "標題": "IT用語圖鑑",
        "金額": 1800,
        "出版社": "株式會社翔泳社"
    }
    ...
]
```

YAML格式範例

```
- 標題: 圖解安全性的機制
  金額: 1680
  出版社: 株式會社翔泳社
- 標題: IT用語圖鑑
  金額: 1800
  出版社: 株式會社翔泳社
...
```

圖 6-20 ‥‥‥‥‥‥‥‥‥‥‥‥‥ 檢查資料格式 lint

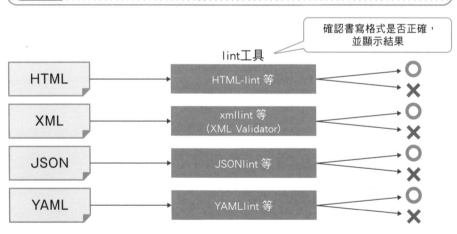

確認書寫格式是否正確，並顯示結果

lint工具

HTML	→	HTML-lint 等
XML	→	xmllint 等 (XML Validator)
JSON	→	JSONlint 等
YAML	→	YAMLlint 等

Point

✎ 將資料儲存為文字格式時，可以使用 CSV、XML、JSON、YAML 等格式。

✎ lint 是能檢查資料格式是否正確的工具。

» 處理資料時維持資料的整合性

管理資料時維持資料的整合性

我們會將很多的資料儲存在檔案中，除了文字與圖像之外，也會有 Word 及 Excel 等應用程式的資料。然而，若是由多名使用者共用許多資料，可能就會產生混亂，不知道是誰將資料儲存哪個位置。雖然也可以使用檔案伺服器等方式，不過會有一些問題，例如多名使用者無法同時存取、無法更新，或是輕易就能存入錯誤的檔案等。

因此企業等單位經常會使用資料庫，**在維持資料整合性的狀態下儲存**重要的資料。

除了資料相關的操作外，也能定義儲存的資料表

操作資料庫時會使用 **SQL** 程式語言，一個資料庫中會存有許多類似 Excel 工作表的「資料表」，要操作這些資料表，就要使用 SQL。SQL 不只能用於登錄、更新、刪除資料等資料相關操作，還可以定義、更新，或刪除資料表與 index（索引）（圖 6-21）。

資料庫有許多不同的產品，**不過 SQL 是標準化的語言，基本上任何產品都能使用**，只是，SQL 在每個資料庫中都受到擴充，發展出 SQL 方言，因此必須注意有部分功能並無法使用。

維持資料的整合性

資料庫的產品一般被稱為 **DBMS**（資料庫管理系統），DBMS 具備了「維持資料的整合性」、「設定存取權限以保護資料」、「處理時不產生衝突的交易功能」、「製作備份避免異常狀況」等功能（圖 6-22）。

程式設計師只要以 SQL 給予指示，就可以安全地管理資料。

圖 6-21

SQL 具代表性的功能

分類	SQL 敘述	內容
定義資料模式	CREATE 敘述	建立資料表與索引
	ALTER 敘述	變更資料表與索引
	DROP 敘述	刪除資料表與索引
操作資料	SELECT 敘述	從資料表取得資料
	INSERT 敘述	將資料登錄至資料表
	UPDATE 敘述	更新資料表的資料
	DELETE 敘述	刪除資料表的資料
操作權限等	GRANT 敘述	設定資料表與使用者的權限
	COMMIT 敘述	確定變更資料表
	ROLLBACK 敘述	取消變更資料表

圖 6-22 **DBMS 的效果**

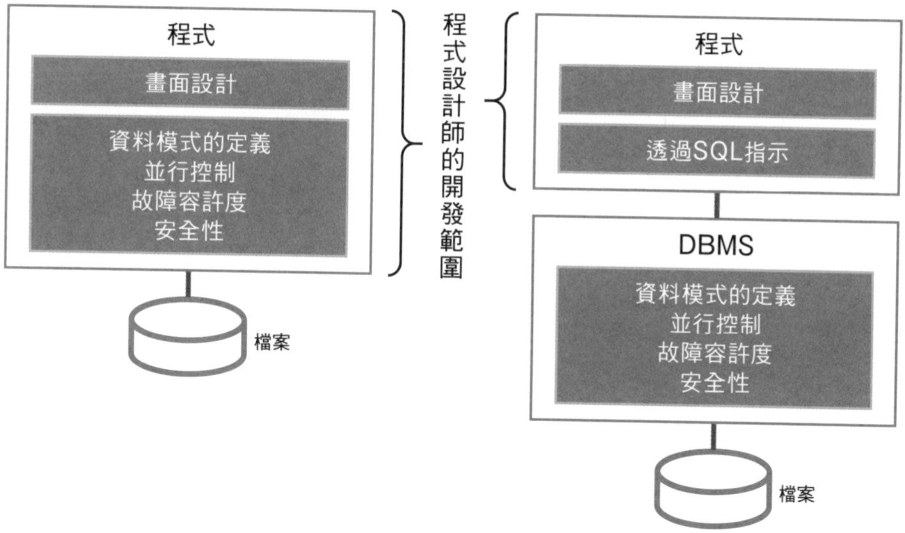

Point

📖 使用資料庫，就能將資料管理交由 DBMS 負責，因此可以在維持整合性的情況下安全儲存資料。

📖 資料庫是透過 SQL 這種程式設計語言進行操作。

» 確保資料整合性的技術

不讓他人同時使用同份資料

　　網路上提供的服務會有多人同時存取，**在許多人同時查詢、更新同一份資料時，必須避免處理過程中產生衝突**，這就是並行控制。

　　假設 A 將檔案打開，打算新增資料並儲存，在他新增內容時，B 打開原本的檔案後修正並儲存，這樣一來 A 進行的變更就會遺失。

　　為了避免這種情況，必須讓某人使用資料時，不讓他人處理資料，這就是鎖定，鎖定的方法就如圖 6-23，有悲觀鎖定與樂觀鎖定。

統一進行更新處理

　　如果只有部分處理成功，其餘的處理失敗，將無法維持資料庫的整合性，這時候就必須**將多個處理視為一連串的流程執行**，也就是交易。使用交易可以合併執行處理，將處理歸類為成功或者是失敗。

　　交易的例子有圖 6-24 中的銀行匯款處理，A 轉帳給 B 時，會需要執行從 A 的帳戶匯出款項，以及將款項匯入 B 帳戶的處理，若是將這兩項處理分開，即使成功匯出款項，但匯入款項時卻發生錯誤，這筆款項將不知何去何從。

　　如果將這些處理整合為交易，就能設定如下。如果匯出款項與匯入款項兩者都執行完畢則為成功，若其中一個處理失敗，那麼就取消該處理。

　　假如除了上述處理之外，B 也想從自己的帳戶匯款到 A 的帳戶，由於兩個帳戶的使用者同時都在使用帳戶，因此兩人的資料都不會受到更新，這種情況就稱為死結。

圖6-23　　　　　　　　　　　　　　　　　　鎖定

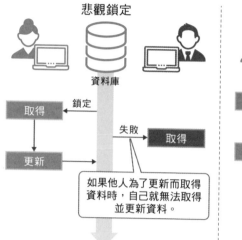

悲觀鎖定

資料庫

取得 ← 鎖定

更新

失敗 → 取得

如果他人為了更新而取得
資料時,自己就無法取得
並更新資料。

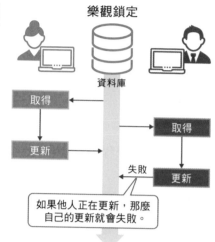

樂觀鎖定

資料庫

取得

更新 → 取得

失敗 → 更新

如果他人正在更新,那麼
自己的更新就會失敗。

圖6-24　　　　　　　　　　　　　　　　　　交易與死結

第 **6** 章　確保資料整合性的技術

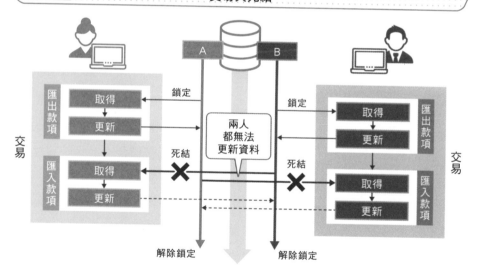

匯出款項　取得 → 更新

鎖定

A　　　B

鎖定

取得 → 更新　匯出款項

交易

死結　✕　兩人都無法更新資料　死結　✕

取得 → 更新　匯入款項

匯入款項　取得 → 更新

交易

解除鎖定　　　　解除鎖定

Point

◢ 即使多人同時希望更新同一份資料,資料庫也提供相關機制,確保資料得以維持整合性。

◢ 有多個處理同時要更新資料時,讓每個處理都無法執行,這就是死結。

≫ 租用伺服器提供服務

租用網路上的部分伺服器

營運網站時，可以自己建構網路伺服器，不過若伺服器 24 小時運作，電費也是一筆支出，監控也並不容易，而有些企業提供網站營運專用伺服器，可以簽約，透過月費、年費的方式租用。

一台實體伺服器上安裝有作業系統、資料庫、網站伺服器等，並且已公開在網路上，這樣的伺服器就稱為租用伺服器（rental server）。

由於是由多名網站營運者共享資源，網站營運者**並無法變更作業系統、資料庫、網路伺服器等設定**，只能讓網站瀏覽者存取並瀏覽營運者所設置的檔案（圖6-25）。

自行管理網路上的伺服器

伺服器租用的費用較為低廉，不過只能使用企業所提供的功能，像是網路伺服器與郵件伺服器等一般的常用功能，使用者並無法自由選擇使用的工具及語言。

由於能使用的功能有限，維護也是交由企業進行，在安全性上比較不會產生問題，不過若想提升使用的自由度，那麼伺服器租用可能無法滿足需求。

這時候可以使用 **VPS**（虛擬專用伺服器，Virtual Private Server）的方式，在實體伺服器所安裝的作業系統中建立虛擬伺服器，每個使用者都可以分配到自己的虛擬專用伺服器。

若使用 VPS，使用者可以取得虛擬伺服器（客體作業系統，Guest OS）的管理員權限，因此可以**自由建構伺服器並導入工具**（圖 6-26）。不過，這樣一來伺服器將必須自行管理，若有更新程式時也必須自行套用，在安全性上較有隱憂。

圖 6-25 伺服器租用

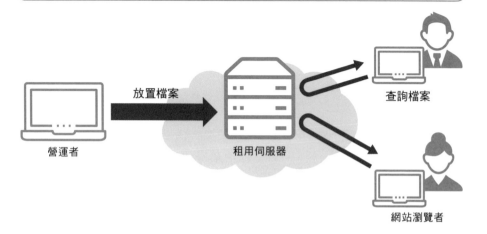

放置檔案

營運者　　　　　　　租用伺服器　　　查詢檔案

網站瀏覽者

圖 6-26 租用伺服器與 VPS 的差異

租用伺服器　　　　　　　　　　　VPS

應用程式（網路伺服器等）
資料庫、中介軟體
作業系統
硬體、網路

應用程式	應用程式	應用程式	應用程式
DB等	DB等	DB等	DB等
Guest OS	Guest OS	Guest OS	Guest OS
作業系統			
硬體、網路			

第 6 章　租用伺服器提供服務

Point

✎ 若租用伺服器，即使不自行建構伺服器，也可以使用全年 365 天都公開的網路空間。

✎ 若希望自由使用網路伺服器與郵件伺服器以外的工具與程式語言，也可以選擇使用 VPS。

✎ 若使用 VPS，則必須自行管理伺服器，因此必須注意安全性等層面。

» 雲端技術的服務型態

使用雲端服務

透過網路使用伺服器功能與應用程式等服務，稱為雲端運算，可以在雲端使用的服務相當多元，這些服務依據服務的內容與使用型態受到分類（圖 6-27）。

以提供服務的方式提供、使用應用程式的型態，就稱為 **SaaS**，如果採用 SaaS，供應商也會提供應用程式，使用者只需要在**網頁瀏覽器上使用該應用程式**即可。雖然可以儲存資料，不過並無法改變包含應用程式在內的各種功能。

使用雲端平台

以提供服務的方式提供作業系統等平台，就稱為 **PaaS**，若採用 PaaS，平台上運作的應用程式是由使用端提供，因此可以**自由地開發、使用應用程式**。

這項服務不僅可以免除基礎設施的建立手續，對於希望簡單就能實現期望功能的開發人員來說，也是一項相當方便的功能。

使用雲端基礎設施

以提供服務的方式提供硬體及網路等基礎設施，這種型態就稱為 **IaaS**，若採用 IaaS，**使用者將能自由選擇作業系統與中介軟體，並能在網路上使用**。

雖然能自由選擇硬體的性能與作業系統，不過使用時需要具備作業系統及硬體、網路等相關知識。使用 IaaS 可以進行細部的設定，不過安全性等也都需要使用者自行維護。

無論是哪一種型態，雲端服務的特徵就是「有使用的服務才付費」，可以依照需求功能，使用不同的服務型態（圖 6-28）。

| 圖 6-27 | | | 平台的比較 | |

使用者自己提供的範圍

應用程式	應用程式	應用程式	應用程式	應用程式	
作業系統等	作業系統等	作業系統等	作業系統等	作業系統等	由供應商所提供
維運	維運	維運	維運	維運	
伺服器	伺服器	伺服器	伺服器	伺服器	
設備	設備	設備	設備	設備	

租借伺服器（housing）代管伺服器（hosting）　IaaS　　　　PaaS　　　　SaaS

| 圖 6-28 | | | 平台的用途區分 | |

希望彈性調整價格與功能

IaaS　　　　PaaS

希望自由選擇　　　　　　　　　　希望能易於開發、
伺服器與工具　　　　　　　　　　維護應用程式

VPS　　　　伺服器租用

希望價格固定、功能固定

Point

∥雲端環境包含 SaaS、PaaS、IaaS 等，在選擇時必須要考慮不同環境中的自由度與相關注意事項。

∥與 VPS、租用伺服器相較下，其他平台雖然能彈性調整功能，相對的費用也不一樣。

» 以軟體的方式實現硬體功能

在一台電腦上運作多台電腦

透過軟體實現硬體所具備的功能，如 CPU 與記憶體等，在電腦中讓虛擬的電腦運行，這種技術就稱為虛擬機器。使用虛擬機器，**就可以在一台電腦上運作多台虛擬電腦**（圖 6-29）。

近來電腦的硬體規格提升，一般來說 CPU 等裝置的資源都相對充足，然而，如果能讓多台虛擬的電腦運作，將負荷平均化，就可以減少實際的伺服器數量，達到降低成本的效果。不過，由於虛擬機器是在虛擬軟體上以軟體的方式執行，性能會低於實際的硬體執行。

以容器管理作業系統

虛擬機器是相當方便的機制，不過不同的虛擬機器上都必須執行作業系統，因此除了 CPU 與記憶體之外，也會消耗硬碟等儲存裝置的空間，而這種情況下可以考慮容器化的應用程式執行環境。

最具代表性的有 Docker，相較於虛擬機器，它的啟動時間較短，也有益於性能面的提升。它的作業系統是固定的，經常運用於開發環境中（圖 6-30）。

自動設定虛擬機器

管理多台相似的虛擬機器時，逐次進行設定會很麻煩，而有一種方式是透過製作設定檔，記錄虛擬機器的組成資訊，藉此將建構與設定自動化，具代表性的工具有 **Vagrant**。

只要製作一次設定檔，**就能簡單地增加台數，除此之外，也能與其他負責人員共享**。

圖6-29　　　　　　　　　　　虛擬機器與 Docker

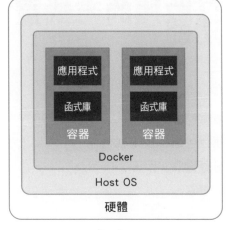

虛擬機器　　　　　　　　　　　　　　　　　Docker

圖6-30　　　　　　　　　　　Docker 的操作

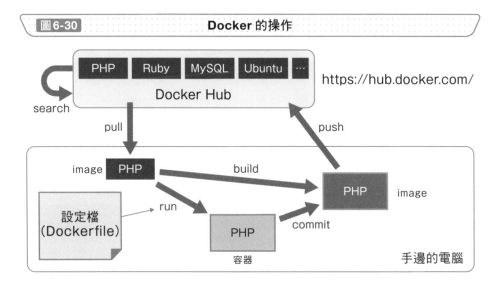

Point

  ✍ 藉由使用虛擬機器，可以在一台電腦中執行多台虛擬電腦。

  ✍ 最近有越來越多企業導入 Docker 等容器化的環境，這樣一來可以建構
　　更為彈性的虛擬環境。

» 呼叫作業系統與其他應用程式的功能

不同軟體間的介面

　　GUI、CUI 指的是人在使用電腦時的介面，不過不同軟體間在傳輸資料時也會需要介面。在開發應用程式時使用既有函式庫的情況下，其介面就稱為 **API**（Application Programming Interface）（圖 6-31）。

　　依照準備好的 API 編寫處理，這樣一來**即使不知道函式庫的內容，也可以使用函式庫所具有的功能**。有些 API 是用來呼叫作業系統所提供的功能，有些則是用來呼叫其他應用程式所提供的功能。

呼叫硬體的功能

　　開發控制硬體的軟體時，**由應用程式直接控制硬體是不被允許的**，因此，作業系統提供了一種系統呼叫的機制，讓應用程式也能控制硬體，像 API 一樣透過呼叫的方式使用。

　　一般的程式不太會用到系統呼叫，不過部分需求高速處理的系統則會使用。

組合多種服務

　　也可以藉由呼叫網路上的公開網路服務，與其他服務整合，這樣的介面就稱為 Web API（圖 6-32）。此外，透過整合多個網路服務建立新的服務，也可以稱為混搭（mashup）（圖 6-33）。

　　舉例來說，要製作活動資訊搜尋應用程式時，如果結合地圖與路線查詢的 API，就可以製作出對活動參加者來說相當方便的服務。

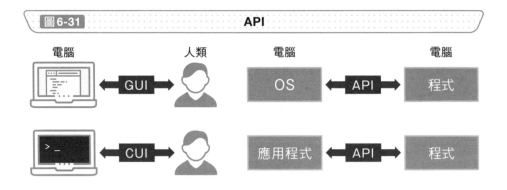

圖 6-31　API

電腦　　　　　　人類　　　　　　電腦　　　　　　電腦

GUI

CUI

OS ◄ API ► 程式

應用程式 ◄ API ► 程式

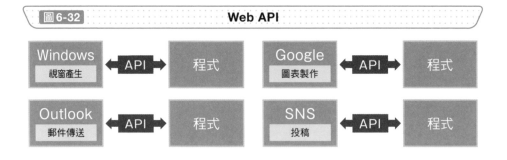

圖 6-32　Web API

Windows
視窗產生 ◄ API ► 程式

Google
圖表製作 ◄ API ► 程式

Outlook
郵件傳送 ◄ API ► 程式

SNS
投稿 ◄ API ► 程式

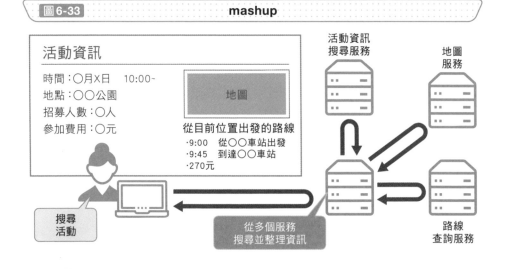

圖 6-33　mashup

活動資訊

時間：○月X日　10:00~
地點：○○公園
招募人數：○人
參加費用：○元

地圖

從目前位置出發的路線
·9:00　從○○車站出發
·9:45　到達○○車站
·270元

搜尋活動

活動資訊
搜尋服務

地圖
服務

路線
查詢服務

從多個服務
搜尋並整理資訊

Point

✎ 使用 API 讓不同軟體得以交流資料。

✎ 若能將服務混搭提供，就能提升使用者在使用上的方便性。

≫ 學習版本控制系統

管理檔案版本時一定會用到的工具

在開發的過程中,有時會想要將程式回復到以前的版本。另外,將原始碼從開發環境轉移至生產環境時,有時並不會複製所有的原始碼,而是只會轉移相異的部分。

這時候就會需要使用版本控制系統,它是一種用來管理變更的軟體,例如「誰在什麼時候對哪個部分做什麼樣的變更」、「最新的版本是哪一個」等,以最近來說 Git 相當受到歡迎。

以往的版本控制系統,其管理歷史紀錄等的儲存庫(repository)總共只有一個,而 Git 則被稱為「分散式版本控制系統」,會將儲存庫分開儲存於多個位置。開發人員會於手邊電腦儲存本地的儲存庫,平時就在這裡管理程式(圖 6-34)。

要與其他開發人員共享時,會將內容從本地儲存庫反映至遠端的儲存庫,**即使沒有網路存取,也可以在本地儲存庫對版本進行管理**,因此可以提升開發效率。

具備方便功能的 GitHub

如要使用 Git 的遠端儲存庫,可以在公司內建構伺服器,也可以使用 **GitHub** 這種方便的服務。GitHub 不只具備 Git 的遠端儲存庫功能,還具備 Pull Request 這種便利的功能,可以委託其他開發者審查(review)、通知、記錄等(圖 6-35)。

集中管理的 Subversion

相較於分散式的 Git,還有另一種是以單一儲存庫進行管理的「集中式版本控制系統」,較具代表性的是 **Subversion**,雖然最近 Git 已成為主流,不過 Subversion 目前也受到許多專案使用。

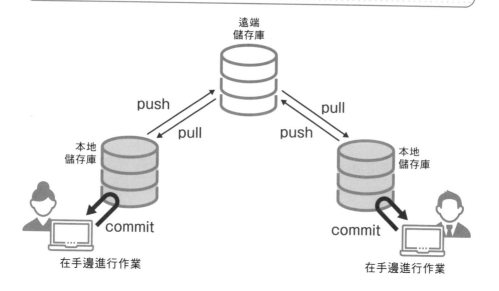

圖 6-34　　Git 的操作

遠端
儲存庫

push
pull

pull
push

本地
儲存庫

本地
儲存庫

commit

commit

在手邊進行作業

在手邊進行作業

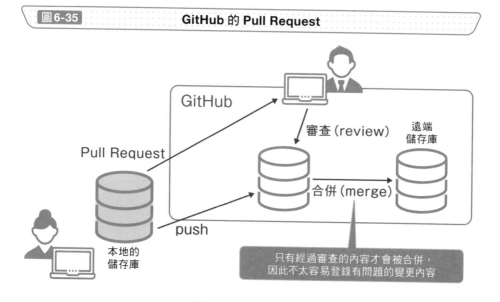

圖 6-35　　GitHub 的 Pull Request

GitHub

審查（review）

遠端
儲存庫

Pull Request

合併（merge）

push

本地的
儲存庫

只有經過審查的內容才會被合併，
因此不太容易登錄有問題的變更內容

Point

∥版本控制系統是變更檔案時，只管理兩者差異與歷史紀錄的方法，其
中的 Git 與 Subversion 等相當有名。

∥GitHub 是 Git 遠端儲存庫中很具代表性的服務。

≫ 免費公開的原始碼

公開原始碼的效果

免費公開的軟體，就稱為自由軟體，不過通常不會連原始碼都公開。另一方面，**原始碼公開，免費，且任誰都能自由變更、重新散布的軟體**就稱為 **OSS**（Open Source Software）（圖 6-36）。

OSS 通常是由一群有共同理想的人組成社群並開發，並不是特定企業所開發的，其開發過程會有許多程式設計師參與其中。OSS 基本上是可以自由使用的，除了可以瀏覽原始碼學習其機制外，也可以修正部分原始碼，開發出經過改良的新軟體。

瞭解授權的差別

雖然 OSS 的原始碼是公開的，卻不代表在使用上完全沒有限制，如同圖 6-37 一樣，它們分別都訂定有授權條款（license），其中較有名的有 GPL、BSD，以及 MIT 授權條款等。此外，如果要發布變更後的軟體，有時也必須要公開原始碼。

若使用 OSS 開發商務軟體，並且要在不公開原始碼的情況下販售，就要**注意授權條款的內容**。

使用 OSS 的注意事項

由於 OSS 的原始碼是公開的，會比較容易找出安全性的漏洞，由於開發的社群並不是企業，要修改相關漏洞可能會相當耗時，因此有的程式幾乎沒有受到維護。

相對的也有一個優點，在找到安全性漏洞時，其他開發人員可以自由進行修正，只是看見優點時，也要記得 OSS 也有它的缺點。

圖 6-36　OSS 與一般軟體的差異

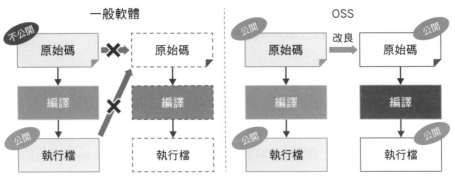

圖 6-37　OSS 授權條款

類別、型態	授權範例	公開所變更的原始碼	公開其他部分的軟體原始碼
copyleft	GPL、AGPLv3、EUPL 等	必要	必要
準 copyleft	MPL、LGPLv3 等	必要	不用
非 copyleft	BSD License、Apache 2.0 License、MIT License 等	不用	不用

出處：日本情報處理推進機構「OSS授權條款的比較與利用情況，以及爭議相關調查之調查報告書」
（URL：https://www.ipa.go.jp/files/000028335.pdf）

圖 6-38　權利的範圍

	作者的權利	使用者的權利
書籍	出版、印刷、改版、…	閱讀
音樂	錄音、演奏、編曲、…	聆聽
軟體	複製、發布、變更、…	執行

若是OSS，使用者可以使用的範圍會改變

Point

🖊OSS 雖然是免費公開的，使用時還是必須遵守其授權條款。

🖊有些 OSS 並沒有受到維護，使用時必須對安全性的漏洞等多加注意。

>> 將他人的程式還原

從執行檔製作出原始碼

開發商用軟體時，原始碼是非常重要的資產，如果被其他公司拿到原始碼，其他公司就能輕易開發出相似的軟體。一般來說，發布時只會提供編譯過的執行檔。

站在競爭公司的角度，原始碼如何編寫是他們非常想要知道的資訊，這時候有一種方法是從機器語言的執行檔製作出原始碼與設計圖等，稱為逆向工程（圖6-39）。

如果是硬體，只需要拆解，相較之下查詢內部構造較為容易，如果是軟體，要完全取出原始碼是相當困難的。此外，**由於軟體有著作權，逆向工程會有法律上的問題**，有時在契約上也會受到禁止。

拯救遺失的原始碼

即使是自己公司的產品，也可能會因為遺失原始碼，而必須盡可能從執行檔回復原始碼，要這麼做，就必須盡量轉換機器語言的形式，讓人可以閱讀。

執行這種轉換的工具就稱為反組譯器，轉換的作業本身則稱為反組譯。如名稱所示，這項作業就只是將組合語言反向轉換為機器語言，所得到的程式碼也會像是組合語言一樣（最近也有些語言會使用中繼語言，轉換後可能一定程度上可以讀得懂）。

要進一步轉換為高階語言的原始碼時，也可以使用反編譯器，不過許多程式語言都難以透過反編譯器達到這樣的效果，無法產生與原本的原始碼完全相同的內容。由於最近使用程式碼混淆的情況變多，轉換的結果頂多只能當作是幫助我們還原原始碼的參考（圖6-40）。

圖 6-39　　　　　　　　從執行檔取出原始碼的方法

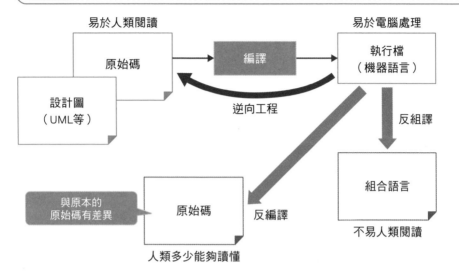

圖 6-40　　　　　　　　　程式碼混淆的範例

```
function fibonacci(n){
    if ((n == 0) || (n == 1)){
        return 1;
    } else {
        return fibonacci(n - 1) + fibonacci(n - 2);
    }
}

let n = 10;
console.log(fibonacci(n));
```

⬇ 程式碼混淆

```
var _0xbee9=["\x6C\x6F\x67"];function
a(b){if((b==0)||(b==1)){return 1}else {return
a(b-1)+ a(b-2)}}let
c=10;console[_0xbee9[0]](a(c))
```

第 **6** 章

將他人的程式還原

Point

✎ 可以透過逆向工程從執行檔製作出原始碼。

✎ 若原始碼經過程式碼混淆處理（一種保護程式碼不被反編譯的手法），
　即使進行反編譯，也可能與原本的原始碼相距甚遠。

» 瞭解安全性的問題

一般使用者難以察覺的問題

由於軟體是人類製作的，產生問題是一定的。如果是一般的問題，當軟體運作與使用者預期的功能不同，因此使用者也可以察覺。

然而，若是有安全性的漏洞，許多人並不會注意到，像這種安全性上的問題就稱為漏洞，具有惡意的攻擊者一旦發現漏洞，就會針對漏洞展開攻擊，造成許多受害的情況，如病毒感染、資訊洩漏、以及資料受到竄改等（圖 6-41）。

與漏洞相似的詞彙還有安全漏洞，漏洞除了可以用在軟體上，也可以用在「硬體的漏洞」、「人的漏洞」等。也就是說，漏洞是泛指各種安全性的問題，相較於此，安全漏洞則主要是軟體相關的問題（圖 6-42）。

不當管理記憶體所引發的攻擊

有一種攻擊方式是濫用記憶體不當管理，對安裝於電腦中的軟體進行攻擊，稱為緩衝區溢位（Buffer overflow）。

緩衝區溢位的攻擊方式為**惡意存取程式設計師預想空間之外的資料**，分為 Stack overflow 與 Heap overflow。

例如在呼叫函式時，會在記憶體上確保變數的空間，以儲存從函式傳回的資料，不過若是輸入的資料大小超過保留的記憶體空間，就會覆蓋其他變數與函式的回傳位置（圖 6-43）。由於函式的傳回值會被改寫，攻擊者就能執行自己事先準備的任意處理。

圖 6-41　　問題與漏洞的差異

問題（bug）

明明已經登錄資料，
資料卻沒有進去

按下按鈕後
出現與手冊上
不同的畫面

無法執行原本應該可以執行的處理

漏洞

使用上都沒有問題

可以
竄改資料

可以盜用
管理員的
權限

一般的操作上並沒有問題，
但是在攻擊者看來是可以進行不法操作的

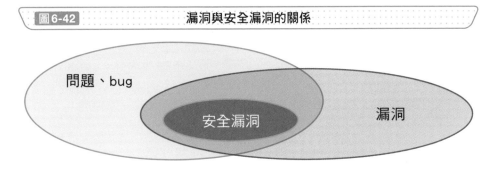

圖 6-42　　漏洞與安全漏洞的關係

問題、bug

安全漏洞

漏洞

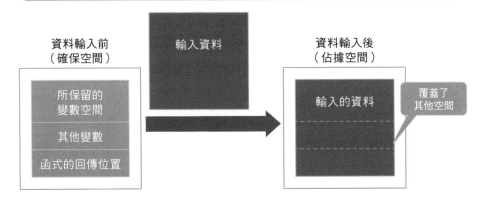

圖 6-43　　緩衝區溢位

資料輸入前
（確保空間）

所保留的
變數空間

其他變數

函式的回傳位置

輸入資料

資料輸入後
（佔據空間）

輸入的資料

覆蓋了
其他空間

Point

🖉 當有漏洞時，使用者雖然仍能正常使用，攻擊者卻可以透過漏洞發起
　各式攻擊。

🖉 緩衝區溢位是與記憶體管理有關的一種漏洞。

小試身手

看看網路應用程式的 Cookie 吧！

讓我們試著查詢使用的網路應用程式，Cookie 中都儲存了什麼樣的內容，這時候要使用網頁瀏覽器的開發者模式。

以 Google Chrome 為例，Chrome 內建有「Chrome 開發者工具」，在開啟視窗的狀態下，如果是 Windows，按下「Ctrl + Shift + I」或 F12，macOS 則按下「Command + Option + I」，就能啟動開發者工具。

畫面開啟後，從分頁「Application」中的「Storage」查看「Cookies」，這樣就可以顯示開啟頁面所使用的 Cookie。舉例來說，Yahoo! JAPAN 的首頁所使用的 Cookie 就如下圖一樣多。

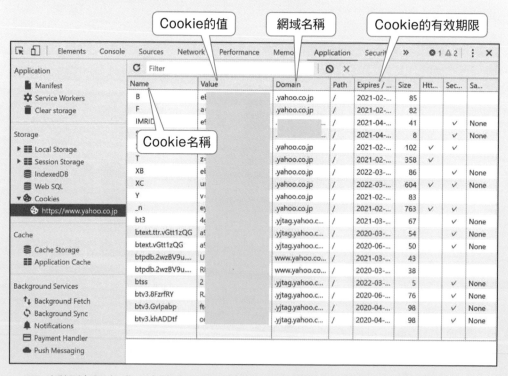

可以透過這個方式，查詢自己經常瀏覽的網站都使用什麼樣的 Cookie。

用 語 集

[·「➡」後方的數字代表本書相關章節]
[·「※」代表書中並未出現的相關用語]

A～Z

ACID (➡ 6-10)
資料庫在進行交易處理時應具備的特性,是由原子性(Atomicity)、一致性(Consistency)、隔離性(Isolation)、持久性(Durability)的字首組合而成。

※CI/CD (➡ 5-10)
表示提交原始碼之後,除了會自動進行建置與測試外,還會隨時維持在可以發布的狀態。

CRUD (➡ 6-10)
這個詞彙代表在資料庫中資料操作的基礎功能,是由建立(Create)、讀取(Read)、更新(Update)、刪除(Delete)的字首組合而成。

※DOM (➡ 6-7)
是一種機制,將 HTML 這類文件轉換形式,讓程式能更容易處理、操作。無須依賴程式語言,就可以在相同介面存取。

EOF (➡ 3-9)
表示檔案末端的特殊符號。End Of File 的簡寫。在程式處理檔案時,用於判斷已經讀取至檔案末端。

※FDD (➡ 1-8)
是一種開發方式,重視客戶立場下的功能價值(Feature)。以商務角度挑選出必要的功能,反覆進行開發,是功能驅動開發的英文縮寫。

※LOC (➡ 5-8)
用於估算軟體的開發工作時數,是表示規模的指標之一。LOC是 Line Of Codes 的縮寫,指的是原始碼的行數。

※lorem ipsum(亂數假文) (➡ 6-1)
說明軟體的畫面示意圖時,為了能夠呈現含有文字的頁面,而使用的虛擬文字,文字本身並沒有意義,是為了呈現出設計風格而使用。

mock (➡ 5-12)
測試程式時若沒有其他模組,可以將 mock 作為替代的虛擬模組。mock 模組雖然具備必要的介面,卻沒有內容。

※QA(品質保證) (➡ 1-9)
以客戶的眼光檢查、判斷開發的軟體是否符合標準,而且必須將出貨後的顧客滿意度納入考量。

RPA (➡ 1-3)
由電腦中提供的虛擬機器人,依照既定規則自動執行處理的工具軟體。即使不具備程式設計知識也能使用,因此在提升工作效率上備受期待。

RUP (➡ 1-8)
一種開發手法,開發前提是依照每個組織與專案客製化調整,採用使用案例驅動為概念,進行反覆式開發。是統一軟體開發過程(Rational Unified Process)的英文縮寫。

Scaffold (➡ 6-2)
意思是建立具備一般應用程式基本功能的骨架。經常用於框架等,只要執行指令,就會自動產生應用程式所需的檔案。

※Stub (➡ 5-12)
對程式進行測試時,若是沒有其他模組,就使用 Stub 取代,是一種虛擬的模組,從測試對象中呼叫 Stub,會回傳所希望的結果。

※UML (➡ 5-20)
在物件導向的設計與開發中,以統一格式呈現的塑模語言,透過清楚明瞭的圖表呈現,避免因為人和語言的影響,產生認知上的差異。

unload (➡ 6-10)
將資料儲存至資料庫,或是將程式讀入記憶體,稱為「load」,而相反就是 unload,意思是從資料庫取出資料,以及從記憶體刪除程式。

※XP (➡ 5-12)
是一種開發手法,認為需要變更是理所當然的事,變更時也會積極因應,重視原始碼更甚於文件,是極限開發(Extreme Programming)的英文縮寫。

2 劃

人月、人日 (➡ 5-26)
以數值呈現開發等過程的所需作業量時,所使用的單位。1 人月是一位工程師一個月所能完成的目標工作量,若是 3 人月,則是預計由一個人花費三個月,或是三個人花費一個月完成。

3 劃

子類別 (➡ 5-16)
物件導向程式語言中,繼承某個類別所建立的類別。可以繼承原類別的特徵,並重新定義資料與操作。

4 劃

介面(interface) (➡ 5-19)
具備串連功能的接口部分,使用情境相當廣泛,例如將元件串連的規格、人使用電腦時所看到的外觀、物件導向中處理多個類別時的型態等。

※ 分支 (➡ 6-16)
在版本管理系統中,在主要系統之外進行開發,這種分離出來的流程就是分支。而將分開後的分支整合,則稱為合併。

5 劃

※ 正規表示式 (➡ 3-9)
將遵循某項規則的字串以一種格式來呈現的方法,在文章中搜尋特定字串時,可以搜尋其格式,而非內容。

6 劃

全域變數 （→ 4-6）
從程式中的任意位置都能存取的變數，如果善用會是便利的功能，不過卻可能不小心改寫內容，容易導致預期外的程式錯誤。

※ 回呼 （→ 6-2）
將函式作為函式的引數傳遞，在被呼叫的函式內，執行這個作為引數傳遞的函式。經常使用於框架與函式庫等。

7 劃

佇列（queue） （→ 3-16）
是一種資料結構，會依照儲存順序取出資料，以路上排列的隊伍為比喻，也稱為隊列。

吞吐量（throughput） （→ 4-14）
每單位時間所能處理的量，用於表示處理能力，像是網路上一定時間內所能傳送的量，以及程式中一定時間內所能處理的量等。

※ 尾遞迴（tail call） （→ 4-7）
是一種函式。在遞迴函式中，函式的最後一個步驟（將傳回值傳回）只有遞迴呼叫，函式內的其他部分則不會對自己進行遞迴呼叫。

快取 （→ 6-5）
透過暫時儲存曾經使用的資料，讓下一次使用時能高速存取的機制。

※ 每日站立會議（Daily Scrum） （→ 1-8）
是每日實施 15 分鐘左右的活動。會確認上次以來的作業進度，並預測至下次會議為止的工作情況，將作業流程最佳化，以達成目標。

里程碑（milestone） （→ 1-8）
在 FDD 開發方法中，依據不同功能，區分為 domain walkthrough、設計、設計審查、編碼、程式碼審查、建置這六個項目分別管理進度。

8 劃

事件驅動程式設計 （→ 2-12）
在使用者按壓鍵盤與移動滑鼠等事件發生時，會因此操作的程式。平時會處於待機狀態，一旦事件發生就會執行指定的處理。

※ 使用案例驅動（use case driven） （→ 1-8）
在 RUP 中，為了讓開發對象更為明確，在設計、編碼、測試等開發中的各個過程，都以使用案例為中心進行開發。

例外 （→ 4-8）
進行系統設計時沒有預期到，卻在執行時發生的問題。發生後系統會停止，或是遺失正在處理的資料。

函式庫（library） （→ 6-2）
將許多程式間共通的方便功能整合，就是函式庫。

物件（object） （→ 5-15）
在物件導向程式設計中，從某個類別產生實體的通稱。很多時候指的就是實例。

9 劃

指標 （→ 3-14）
程式中，儲存變數在記憶體上位置（位址）的資料型別。藉由存取指標中所儲存的位址，可以操作變數與陣列。

重新導向（殼層） （→ 2-11）
將標準輸入與標準輸出更改為指令中的輸入與輸出。經常會使用的有從檔案輸入與輸出至檔案等方法。

重構（refactoring） （→ 5-11）
不用改變程式的運行方式，就能將原始碼修改為更好的格式。當原始碼因為規格變更、新增功能等而變得更複雜，且難以維護時，透過重構可以在不變更結果的情況下進行修正。

10 劃

哨符（sentinel） （→ 3-9）
顯示資料結束等界限時所使用的特殊值。作為迴圈等的結束條件使用，具有將條件判定簡單化的效果。

※ 框架 （→ 6-2）
框架會提供許多軟體中會使用的一般功能。

真值 （→ 3-2）
表示真偽的數值。不同程式語言的呈現方式不同，不過經常都是使用 True 和 False，1 與 0 等的值。

※ 退化（throw back） （→ 6-16）
沒有注意到原始碼是舊的，而繼續開發，或是錯誤發布舊版程式等，因而失去已開發完成的功能，或是再次發生已經修正過的錯誤，也稱為 throw back。

11 劃

動態型別 （→ 2-7）
在編譯的時間點，不決定變數、函式引數、函式傳回值等的變數型別，而是在程式執行時依據所儲存的實際值來判斷。

※ 匿名函式（anonymous function） （→ 4-4）
雖然已經定義內容，卻並未命名的函式。呼叫函式時雖然會需要名稱，不過回呼函式則只是作為引數傳遞，並不需要名稱，因此才設計為可以省略名稱的函式。

※ 區域變數 （→ 4-6）
從部分程式，例如函式內部無法存取的變數。在函式被呼叫時會確保空間，執行結束時則會釋放。

執行期函式庫（runtime library） （→ 6-2）
程式執行時所讀取的函式庫，是在執行檔之外另外提供，集合了方便的處理。事先準備好多個程式間共通的處理，就能降低硬碟的使用量。

※ 堆疊（stack） （→ 3-16）
是一種資料結構，會最先取出最後儲存的資料，除了將資料儲存至陣列時所使用的堆疊外，也有呼叫函式時指定返回位址的「呼叫堆疊」等。

敏捷軟體開發（Scrum） （→ 1-8）
是一種開發方法，將軟體開發切割為較短期間，在期間內重複進行設計、開發、測試等流程，從優先順位較高的流程開始進行，能讓團隊更有效率地進行開發。

規格定義

以開發軟體前向客戶確認的期望內容為基礎，與客戶協調實現範圍及品質後決定的內容。決定之後會寫為設計規格書。

規劃撲克牌（planning poker）　（→ 1-8）

預估工作時數時，像撲克牌一樣使用卡牌，決定開發成員的相對開發工時。其單位是虛構的，是在與實際案例比較下決定時程，英文是 planning poker。

設計　（→ 1-7）

討論規格定義中決定的內容要如何實現，並製作文件，經常會分為架構設計與詳細設計來思考。

軟體度量指標　（→ 5-8）

以定量化的方式，透過數值呈現原始碼的規模與複雜程度、是否易於維護等。儘早發現原始碼是否難以維護，就能減輕維護的負擔，提升品質，因此會使用靜態分析工具等進行量測。

※ 連線池（connection pooling）　（→ 6-10）

程式多次存取同一個資料庫時，並不會每次都存取並斷開，而是保存曾經存取的資訊並繼續使用，雖然會佔據記憶體的空間，不過卻能避免負載過高。

12 劃

單精確度　（→ 3-7）

IEEE 754 規範了浮點數的格式，而單精確度就是其中以 32 位元呈現為小數的格式。

就地部署（on premise）　（→ 6-13）

在自家公司建構並維護伺服器。可以彈性客製，安全性也較高，不過發生問題時必須要由公司自行處理，比起雲端，就地部署更為常用。

※ 測試（test）　（→ 5-3）

用於確認開發軟體是否能夠正確運作。除了能正常處理正確的資料之外，也要確認接收到不適當的資料時，能否執行適當的處理。

測試驅動開發（TDD）　（→ 5-12）

以測試為前提來推動開發的開發方式。透過事先將規格編寫為測試碼，於開發時一面確認所編寫的原始碼是否能通過測試。

結對程式設計（Pair Programming）　（→ 1-10）

意思是兩名以上程式設計師使用一台電腦共同開發程式。而群體程式設計是延伸自結對程式設計。

結構分析　（→ 2-9）

以文章來說，結構分析是將各個單字分解，透過將個別關係圖像化以進行解析，而在程式語言中則是解析原始碼，並轉換為程式時的一項處理。

雲端服務　（→ 6-13）

透過網路提供的各種服務，可以透過服務內容與使用型態分類為 SaaS、PaaS、IaaS 等。

※ 亂數（random value）　（→ 3-4）

亂數就像是擲骰子一樣，不知道下一個會出現什麼數字。電腦則是以計算產生的值模擬亂數，因此稱為虛擬亂數。

13 劃

傳回值（return）　（→ 4-4）

是呼叫函式時，在函式完成所有處理後，從函式傳回呼叫端的值。通常會傳回函式內的處理結果以及有無錯誤等內容。

傾印（dump）　（→ 5-7）

意思是為了除錯等目的，將記憶體及檔案的內容輸出到畫面與檔案中。通常會以 16 進位輸出，再確認其內容。

溢位（overflow）　（→ 3-12）

在既定大小的空間中，傳入超過其儲存量的資料，使得資料溢出該空間，除了數值的溢位外，也有堆疊溢位、緩衝區溢位等。

義大利麵式碼（spaghetti code）　（→ 5-11）

寫得複雜且交錯的原始碼，使得開發人員難以調查處理的流程等，雖然運作上可能沒有問題，不過很可能難以維護，並因此衍生很多問題。

※ 號誌（semaphore）　（→ 6-11）

執行鎖定時，為了顯示剩餘可用資源所使用的值。此外，在多個程序同時運作時，也用於將處理狀況同步化。

※ 補數（complement）　（→ 3-2）

是加上後會進位的數字中最小的數字，主要用於二進位制，電腦中處理整數資料時，為了要呈現負的值，會使用「2 的補數」。

※ 資料建模（data modeling）　（→ 1-9）

整理系統所處理資料的項目與關係等，將其視覺化，讓開發人員能具有共同的認知，通常會使用 ER 圖與 UML 等來呈現。

※ 預存程序（stored procedure）　（→ 6-11）

是儲存於資料庫中的函式，負責將資料庫中多個處理整合執行，透過事先編譯可以高速處理，呼叫端的程式也會因此變得更簡單。

14 劃

實例（instance）　（→ 5-15）

在物件導向程式設計中，從類別所產生的實體。記憶體上會保留空間，而空間會個別分配給不同的實例。

實數型別　（→ 3-7）

處理實數的資料型別。由於實數是無限的，電腦並無法呈現，因此經常會使用浮點數來表示。

漏洞　（→ 6-19）

軟體中存在的安全性問題，一般使用者並不會發現，但遭到攻擊者惡用時，使用者將會受害。

管線命令（殼層）　（→ 2-11）

意思是將某指令的標準輸出與其他指令的標準輸入連結。中途不經由檔案，就能在程式間傳遞資料。

精實開發（Lean）　（→ 1-8）

在開發的過程中重複驗證假說的方法。以最低限度的成本開發並迅速發布，並觀察客戶與使用者的反應，藉此反覆檢測成效與進行改善。Lean 有時候也稱為 Lean Startup。

遞迴　（→ 4-7）

是一種會從函數中呼叫自己的函式。例如在樹狀結構中搜尋等在多個階層重複進行相同處理的情況中可以使用。

15 劃

增量（increment） (➡ 3-5)
將變數值加上 1 的演算，反之，減 1 則是減量（decrement）。
此外，開發時小部分逐步累積的開發方式，則稱為遞增模型。

※ 模糊測試（fuzzing test） (➡ 5-5)
是一種測試方法，為了調查程式的問題與漏洞，會測試各種可
能有問題的資料，確認是否有異常的運作情況。

※ 衝刺規劃會議（sprint planning） (➡ 1-8)
敏捷式開發中，一個開發期間就稱為 sprint，衝刺開始前要決
定開發內容，由團隊全體承諾要在多久的期間內，如何實現什
麼樣的目標。

衝刺檢視（sprint review） (➡ 1-8)
是衝刺結束時所實施的會議。由團隊成員與相關人員參加，討
論順利進行的部分與問題點、解決方法等，讓下次的衝刺更加
順利。

16 劃

閾值 (➡ 4-2)
條件分支的界限值，是改變操作的基準。

※ 靜態型別 (➡ 2-6)
對於變數、函式的引數、函式的傳回值等，會在編譯變數型別
的時間點，也就是程式執行之前就事先決定。

※ 鴨子型別（duck typing） (➡ 5-19)
物件導向中，如果物件具有相同名稱的方法（method），即使
是產生自不具繼承關係的類別，也能夠處理。

17 劃

※ 環境變數 (➡ 3-4)
是作業系統所提供的變數，用於儲存讓多個程式共用的設定，
透過對不同使用者與電腦進行設定，讓同一使用者在電腦中可
以使用相同的值。

18 劃

轉譯（rendering） (➡ 6-1)
將所接收到的資料轉換並呈現為畫面等。例如網頁瀏覽器會接
收 HTML 與 CSS 的資料，於調整格式後顯示。

雙精確度 (➡ 3-7)
IEEE 754 規範了浮點數的格式，而雙精確度就是其中以 64 位
元呈現為小數的格式。

雜湊函式 (➡ 3-13)
是對接收值進行某種轉換的函式，相同輸入內容會得到相同輸
出結果，它的設計是多筆輸入內容不易獲得相同輸出結果。

19 劃

關聯模型 (➡ 5-13)
是目前關聯式資料庫的基礎，對二維表格，也就是資料表具備
管理、選擇、投影、結合等功能。

※ 類別 (➡ 5-15)
相當於物件導向程式語言中，將資料與操作整合時的設計圖。

20 劃

繼承（inheritance） (➡ 5-16)
是指物件導向程式語言中，擴充既有的類別，以建立新的類
別，好處是能夠減少原始碼的重複，並重複使用原始碼。

23 劃

邏輯式 (➡ 3-7)
處理真值的資料型別。也可以用於 AND 與 OR 等邏輯演算以及
條件分支中的判定條件等。

驗收測試 (➡ 5-4)
訂購端對於開發完成的軟體所實施的測試。測試目的為確認是
否具備需求功能，如無問題即完成驗收。

索引

圖解程式設計的技術與知識

作　　　者：增井敏克
裝訂‧文字設計：相京厚史（next door design）
封面插圖：越井隆
內文插圖：浜畠かのう
譯　　　者：何蟬秀
企劃編輯：莊吳行世
文字編輯：江雅鈴
設計裝幀：張寶莉
發 行 人：廖文良

發 行 所：碁峰資訊股份有限公司
地　　　址：台北市南港區三重路 66 號 7 樓之 6
電　　　話：(02)2788-2408
傳　　　真：(02)8192-4433
網　　　站：www.gotop.com.tw
書　　　號：ACL059500
版　　　次：2021 年 06 月初版
建議售價：NT$450

國家圖書館出版品預行編目資料

圖解程式設計的技術與知識 / 增井敏克原著；何蟬秀譯. -- 初
　版. -- 臺北市：碁峰資訊, 2021.06
　　面；　公分
　　ISBN 978-986-502-823-7(平裝)
　1.電腦程式設計　2.電腦程式語言
312.3　　　　　　　　　　　　　　　　　　　110007060

讀者服務

● 感謝您購買碁峰圖書，如果您對本書的內容或表達上有不清楚的地方或其他建議，請至碁峰網站：「聯絡我們」\「圖書問題」留下您所購買之書籍及問題。(請註明購買書籍之書號及書名，以及問題頁數，以便能儘快為您處理)
http://www.gotop.com.tw

● 售後服務僅限書籍本身內容，若是軟、硬體問題，請您直接與軟體廠商聯絡。

● 若於購買書籍後發現有破損、缺頁、裝訂錯誤之問題，請直接將書寄回更換，並註明您的姓名、連絡電話及地址，將有專人與您連絡補寄商品。